青少年受益一生的励志书系

青少年受益一生的
名人金钱哲学

◎总 主 编：汤吉夫
◎本书主编：马国福
◎副 主 编：王 凯　顾茜茜　吴贝迪

九州出版社
JIUZHOUPRESS　全国百佳图书出版单位

图书在版编目(CIP)数据

青少年受益一生的名人金钱哲学/马国福主编. –北京：
九州出版社, 2008.9(2021.7 重印)

（青少年受益一生的励志书系/汤吉夫主编）

ISBN 978-7-80195-884-6

Ⅰ.青… Ⅱ.马… Ⅲ.人生观—青少年读物
Ⅳ.B821-49

中国版本图书馆 CIP 数据核字(2008) 第 149424 号

青少年受益一生的名人金钱哲学

作　者	汤吉夫　总主编　马国福　本册主编
出版发行	九州出版社
地　址	北京市西城区阜外大街甲 35 号(100037)
发行电话	(010)68992190/2/3/5/6
网　址	www.jiuzhoupress.com
电子信箱	jiuzhou@jiuzhoupress.com
印　刷	北京一鑫印务有限责任公司
开　本	710 毫米 × 1000 毫米　16 开
印　张	10
字　数	150 千字
版　次	2008 年 10 月第 1 版
印　次	2021 年 7 月第 8 次印刷
书　号	ISBN 978-7-80195-884-6
定　价	36.00 元

吃饭与读书（序）

人活着都是要吃饭的,不吃饭没法活,这是硬道理,傻子都懂的硬道理。但是,人活着,跟猪狗鸡鸭毕竟不同,光有饭吃还不行。这个世界几十亿人,大概没有多少光喂饭就能满足的,饿的时候都说,给口吃的就行,一旦吃上了这口,别的需求也就来了。要恋爱、结婚,跟人交往、沟通,要交朋友、挣钱、唱歌,一句话:要学习,得有精神生活。即便理想不高,就当个旧时代的农夫,也得有人教你怎样种地,如何喂牛套车,稍微有点精气神,就会想到出门赶集看戏,有的人还自己学着唱上两口。

精神生活,离不开书。

我们这个国家多灾多难,曾经有很长一段时间,老百姓每天除了吃,不想别的,因为多数时候,吃不饱。那年月,孩子进学校读书,除了课本,家长没钱,也不认为有需要给孩子买点课外的书,甚至孩子看课外书,还会遭到责骂。在家长看来,那些东西没用,上个学,识几个字,会算个账也就行了。在那个时代,众多平民百姓养孩子,跟养猪喂鸡没有多少区别。

后来的中国人,开始有点闲钱了,一对夫妻一个孩儿,宝贝多了,除了把孩子喂得营养过剩之外,也操心孩子的教育。即便如此,过去的思想境界依然左右着他们,家长们宁肯花大价钱,逼着孩子满世界进补习班,学钢琴,学奥数,学英语,学画画,学书法,学围棋,学一切听说可以提高素质的玩意儿,但就是没时间让孩子老老实实坐下来看本书。跟过去一样,众多的家长认为,课外书没用,耽误孩子学习。

就这样,在课本强化和补习班也强化的双重压力下长起来的一代又一代独生子女,有一半还没进大学,先折了,什么也考不上,除了打游戏,什么兴趣都没有；另一半考上的，进了大学不少人也开始放羊，加上大学这些年质量也在下降，因此，即便太太平平毕了业，进入社会，感觉身无长技、无所适从者至少要占一半以上。

这是一个没有人看书的时代。据有关部门统计，我们国家每年的出版物，教材要占到 60％以上，剩下不足 40％的出版物。还要扣除 10％左右的教辅读物，也就是说，中国的书，绝大多数都是强迫阅读的，真正属于读者出于自己需求而主动阅读的书，不到整个出版量的 20％，跟发达国家相比，正好倒过来。

现在国人最喜欢说的一个词，就是"素质"，但恰恰国人的素质，不敢恭维，一代代越来越不喜欢读书的后辈，素质更是每况愈下。

课本，给不了人素质，课外补习，也给不了人素质，素质的养成，要靠书，课外书。人生在世，不是活在真空里，什么事儿都可能碰上，要学会跟人打交道，更要学会跟自己打交道。如何待人处事，如何交友待客，如何跟人沟通、开展讨论，如何说服别人；进而如何开阔心胸、拓展视野、修炼心性、磨炼意志、增强自信，尤其是如何面对挫折和困境，保持自己良好的心态；再进一步，如何看待友谊，看待背叛，如何面对恋情，如何面对失败，如何面对财富，以及失去的财富，这一切的一切，都需要学，但是课本教不了你。课本里，有知识，有技能，但唯独难以陶冶你的性情，锻造你的心性。素质是一种软实力，一种可以凭借知识和技能无限放大的能量；如果一个人只有专业知识和技能，而缺乏相应的软实力，就像一台电脑，尽管性能良好，但缺乏必要的软件，也一样等于废物。

本人从教 30 多年，教过的学生不计其数，但从来没有见过哪怕一个不爱读书的学生日后有出息的。人的所有，差不多都是学来的，家庭可以教你，社会也可以教你，但一个有出息的人从中获益最多的，还是书本。从这个意义上说，学会了读书，就有了一切。吃饭是为了活着，但活着不能为了吃饭。一个人想要活得好，活得有滋有味，那么，就得把书当粮食来看。孔子闻韶乐，三月不知肉味，对于一个读书人来说，书就是韶乐，只有肉，没有书，肉也不香。不能说这样的人都有出息，但至少，这样的人才可能有点出息。

现在，许多家长都希望把自己的孩子培养成贵族。当然，我想这些家长们,不是想让自己的孩子住进欧洲的城堡,天天穿着燕尾服,只是希望孩子能有贵族的气质和教养。欧洲太远了,中国自宋代以后就没了贵族,但自古就有书香门第。一个家族,只要几代都有读书人,家藏有几柜子的书,就是读书人家,缙绅人家,这样的人家,教养、品位、知书达礼,所有的一切,不是血统的遗传,而是从世代的书香里来的。

读书要读好书,读能跟那些绝代的成功者、大师们对话的书。世界上存在过那么多杰出人士,他们的成功为世人仰慕,各有各的理由,个中道理,在他们的文章中有,但要靠仔细读了之后自己悟。没有机会追随大师的左右,经大师亲授,但只要读他们的文字,也可以升堂入室。众多的成功者、大师汇聚起来,变成一本不厚的书,摆在我们的眼前,《"读·品·悟"青少年受益一生的励志书系》就是这样的一套好书。古人云:开卷有益。

张 鸣

6 月 6 日 于北京

张鸣 1957 年生,浙江上虞人,中国人民大学政治学系教授、博士生导师。有《武夫当权——军阀集团的游戏规则》、《乡土心路八十年——中国近代化过程中农民意识的变迁》、《再说戊戌变法》、《乡村社会权力和文化结构的变迁 (1903–1953)》、《近代史上的鸡零狗碎》、《大历史的边角料》等多部学术著作出版;另有《直截了当的独白》、《关于"两脚羊"的故事》、《历史的坏脾气》、《历史的底稿》、《历史空白处》等历史文化随笔陆续问世,引起巨大反响,其中《历史的坏脾气》荣登近几年畅销书排行榜。

目 录

C O N T E N T S

第 1 辑

金钱是最好的仆人
也是最坏的主人

比英女王还富7倍的龚如心死了,打了9年遗产官司争来的数百亿财产,不再是她的了。二审法官曾在判决书封面引述《圣经》诗篇:"世人行动实系幻影。他们忙乱,真是枉然;积累财富,不知将来有谁收取。"

有人说:"钱能解决的问题,都不是问题。"但钱本身往往就是问题的一部分。钱来了总是会走的,看好你自己,比看好你的钱,更重要。

第 2 辑

给予的富有

> 萧伯纳说:"人生有两大悲剧,一是没有得到你心爱的东西,二是你得到了你心爱的东西。"人的可悲境遇往往是因为逃不过占有欲的围剿,所以才会有了占有欲未得到满足的痛苦和已得到满足的无聊。
>
> 当比尔·盖茨成立了世界最大的慈善基金机构"比尔与梅琳达·盖茨基金会",当巴菲特把绝大部分资产捐献给社会,当鲍尔森把 99%的财富捐给一个环保基金,我们终于看到了什么是真正的富有——给予即是富有,不是因为富有而给予,而是因为给予而富有。

第 **3** 辑

金钱与快乐有多远

爱情值多少钱？一位美国科学家说，稳定的爱情关系带来的幸福感一年约值 9.6 万美元——金钱能购买婚姻，却不能购买爱情；健康值多少钱？能告诉你这个问题的人已经离开人间和金钱无关了。

还有时间、青春、亲情、友情、感动、信任、爱好、关怀、成长、赏心悦目的感觉，这些都不具备现金和信用卡那样的购买能力，但更接近快乐和幸福。它们唯一欠缺的是不能像钱一样，明晃晃地向人炫耀，但花钱也不能把它们全部买到。

青少年受益一生的 名人金钱哲学

第 **4** 辑

上帝是公平的

有人总是抱怨：为什么上帝那么不公平，他富有，我却贫穷？

贫穷吗？上帝让你知足。富有吗？上帝让你贪婪。劳作吗？上帝给你胃口，让你健康。享受吗？上帝让你乏味，给你肥胖。追求幸福者，上帝让你感觉命短；遭受痛苦者，上帝让你感受寿长。你追求财富的递增？那么上帝就让你感受递减。你贫穷吗？上帝就让你感受递增。福和富不可兼得，这难道不是上帝的绝对公平吗？

金钱是最好的仆人
也是最坏的主人

比英女王还富 7 倍的龚如心死了，打了 9 年遗产官司争来的数百亿财产，不再是她的了。二审法官曾在判决书封面引述《圣经》诗篇："世人行动实系幻影。他们忙乱，真是枉然；积累财富，不知将来有谁收取。"

有人说："钱能解决的问题，都不是问题。"但钱本身往往就是问题的一部分。钱来了总是会走的，看好你自己，比看好你的钱，更重要。

毕淑敏　女,1952年生于新疆。当代作家、心理咨询师。曾在西藏当兵11年。从事医学工作20年后,开始文学创作。主要作品有长篇小说《红处方》、《血玲珑》、《拯救乳房》、《女心理师》,以及最新出版的《鲜花手术》、《心灵眼睛》、《女儿拳》等。曾获《小说月报》第四、五、六届百花奖,当代文学奖,昆仑文学奖等各种文学奖项30余次。王蒙称其为"文学的白衣天使"。

青少年受益一生的 名人金钱哲学

钱 的 极 点

□ 毕淑敏

　　现在无论同谁聊天,无论从哪说起,都会很快谈到钱。钱成了当今社会的极点。

　　钱给人的好处是太多了,而且有许多人由于钱不多,而享受不到钱的好处。人对于得不到的东西就需要想象,想象的规律一般是将真实的事物美化。比如说我们看到一位大眼睛戴口罩的女士就会想她若摘了口罩,一定是美丽动人。其实不然,口罩里很可能是一对暴牙齿,人家原是为了遮丑的。

　　我当过许多年的医生,虽是无钱之人,却凭医疗常识,想象钱的功能是有限的,理由从人的生理结构而来。

　　钱能买来山珍海味,可再大的富豪也只有一个胃,一个胃的容积就那么大,至多装上两三斤的食物,外加一罐扎啤,也就物满为患了。你要是愣往里揣,轻则是慢性胃炎,重了就是急性胃扩张,后者有生命危险呢。更不屑说,长期的膏粱厚味,引起高胆固醇糖尿病等等。所以说那些因公而需长期大吃大喝的人,得了肥胖症,真是要算"公"伤的。

　　钱能买来绫罗绸缎,可再娇美的妇人也只有一副身段,一次只能向世人展现套在身体最外层的那套衣服。穿得太多了,就会捂出痱子。要是一天老换衣服,变成工作,就是时装模特,和有钱人的初衷不符了。

再说人类延续种族、愉悦自身的那个器官吧,更是严格遵循造物的规律,无论科学怎样进步,都不可能增补一套设备。假如无所节制,连原装的这一份都进入"绝对不应期",且不用说那种种秽病了。电线杆子上的那些招贴纸,是救不了命的。

人和动物在结构上实在是大同小异,从翩飞的蝴蝶到一只最小的蚂蚁,都有腹腔和眼睛。人和动物最大的区别就在于思想,而恰恰在这一面钢铁盾牌面前,金钱折断了蜡做的枪头。

比如理想,比如爱情,比如自由……都是金钱的盲点。它们可以因了金钱而卖出,却不会因了金钱而被买进。金钱只是单向的低矮的门,永远无法积聚起情感的洪峰。

造物给予人的躯体是有限的,作为补偿,造物给人以无限的精神。人的躯体的每一个细微之处,都是很容易满足的。你主观上想不满足,造物也不允许你。造物以此来制约人对物质的欲望,鼓励思想的飞翔。于是人类在有了果腹的兽肉和蔽体的树叶之后,就开始创造语言、绘画和音乐……积蓄了一代又一代的精华,于是我们有了文学,有了艺术,有了哲学的探讨和对宇宙的访问……那都是永无穷尽的奥妙啊,只要人类存在一天,就会上天入地呕心沥血地寻找与提炼。

我们现在是站在钱的极点上,但我们很快就会离开它。人们在新的一轮物质需要满足之后,回过头来仍然要皈依精神。

精神是人类最大的财富。在远没有金钱之前,人类就开始了精神的求索。人类最终也许将消灭金钱,但毫无疑问的是人类的精神永存。

与你共享

人要生存,就离不开金钱和物质;但人要活得精彩,活得快乐,就需要有平静的心境、宽广的胸怀和正确看待金钱、物质的智慧。金钱,既能刷新你的生活质量,也能吞噬你的身心。在经营财富的同时,别忘了经营你的精神园地,没有财富修养,钱就会让你福始祸终。

(安　勇)

青少年受益一生的 名人金钱哲学

作者简介

曹启泰 1963年生于台湾，著名主持人。曾任上海东方卫视"东方夜谭"、星空卫视"星空舞状元"、新加坡"百万大赢家"顶级主持及嘉宾。著有《结婚真好》、《少年真好》、《一堂一亿六千万的课》、《想一想，死不得》、《我爱钱》等，都成为台湾畅销书。

我是有钱人

□（台湾）曹启泰

我没有时间又没钱

我从小就"有钱"。

我是在台北的台大医院出生的——有钱人的大医院。

襁褓时期，我就是小老板——我爸是大老板，我当然是小老板。

幼儿园我念"再兴"，当时它是所私立的贵族学校。这所学校的学生，他们的家长多半不是大官，就是巨贾。

一直到我10岁，父母离异，我寄住在亲友家中。我聪明懂事又会说话，待遇自然还是不差，每个周末都在中山北路的"美军顾问团联谊社"吃炸明虾，星期天去"青潭"玩人工海浪……

初中三年，我依然念"再兴"，住校三年。当年，这是少数全校装设空调冷气的学校，包括宿舍。而且值日生只要管擦黑板，因为有工人会负责扫地拖地，瓷砖地板随时干净明亮到可以躺在上面念书。尽管家境在这个时候变了，但是来不及影响我的"有钱"，因为我已经交好的同学、朋友个个都有钱。

高中我念公立的"成功高中"。考试帮人，我就得到定做的卡其制服；下课后，去"中华商场"后排的皮鞋店帮忙招呼生意，我就可以免费得到定做的亮皮金边白马靴；只要负责找女舞伴，我就有跳不完的舞会；帮咖啡厅画橱窗海报,我就可以换得牛排套餐,外加打电动玩具的铜板;帮建设公司的总经理洗车,我就可以吃高级餐厅的川菜;画建筑墨线图还额外赚得到零用钱!

进了大专,念艺术学校的好处是:活动繁多。活动多的好处是:都有公费让我吃吃喝喝,参加比赛。参加比赛的好处是:可以拿冠军得金牌。得金牌的好处是:有奖品、有奖金、有优待。优待多的好处是:日子很"有钱"。

我在大专的几年之间,坐着商务舱去了欧洲与非洲的11个国家:游山玩水看世界,同时还可以领薪水、拿奖金。

打工的兼职工作,让我的作品每天在第一大报连载刊登,老师还开支票帮我买了辆汽车代步。

出访期间,我兼职的传播公司还可以让我留职照领薪!还没毕业,我就成为电视节目的制作人,开学交学费还有主任代垫。

大专的最后一年,我已经走到幕前开始表演;表演的第一个电视节目我就成名;成名的第一年我就结婚;结婚的第一天我就当了儿子的爸爸;当爸爸的第一年我又当了女儿的爸爸!你说,我怎么有时间"没钱"?

钱追着我跑

结婚的第一年我就拍广告;广告的第一笔订金,我拿来订了一栋房子;房子订下的第一年我就转手卖出;第一栋卖出的房子就让我赚了一笔钱;赚的第一笔钱刚好让我度过服役、当兵没钱赚的两年!退伍之前,我订了生平第一辆奔驰车。还没回到社会上,我已经拿到传播公司经理的新名片。

苦,可以一个人苦;福,要和众人分享。

退伍的第一年,一星期里有4个小时,我主持的节目在无线电视台的黄金时段播出(当学生时,打工月收入2000元;转进幕前之前,我当编剧、制作人的月收入1万元;当兵期间,月收入只剩500;退伍第一年,我的收入又回到月收入5万)。

第二、第三年,我的节目量增加,演出活动频繁,一个月变成13万。第

贫困能造就男子气概。

——[英]卢卡斯

四、第五年，节目依然此消彼长，但是行情上扬、单位收入提高的结果，一个月成了 40 万。

第六、第七年，月入 60 万的同时，屁股开始痒起来了。我跨了行业、印了名片、开了公司、设了门市、参了展览、做了生意、养了员工。事情的起头是因为 30 岁的我开始担心："万一有一天⋯⋯"

于是我开设了珠宝工作室。又因为顾着往日情谊，于是把老同学的信用卡《卡友》杂志顶了下来，顺便又办了一本电玩杂志，一不做二不休，再办一本婚纱杂志⋯⋯

刚好在同一个时期，广播频道开放，我又开了一个传播公司，承揽电台节目制作和广告时段，再顺势将珠宝工作室扩充为店面；地下室干脆再开一家 PUB；杂志社扩充成为文化出版公司，出版了一批和珠宝相关的书籍⋯⋯然后网络兴起，我架起了企业网站；在珠宝店的楼上又扩增了婚纱摄影公司；在出版社的楼下又增建了珠宝工厂；将地下室改建成为摄影棚⋯⋯

在此期间，我还写了两三本书，第一本书有关我的婚姻，一出版就卖了第一名。所以灵机一动，我结合所有相关的行业，自己组织了多家公司，把与结婚相关的各行各业、各种资源整合起来⋯⋯再开设商业行销公司，跨足蜜月旅游行程，组织财团法人的公益团体⋯⋯公司变成 5 家，员工变成 70 个。我和钱玩得不亦乐乎！

第八年，市场发生变化，珠宝生意乏人问津；机构换了人，"新官"忙着抓地下室开设的 PUB。这个时期，我开始从"被钱追着跑"变成"追着钱跑"：老婆病了、合伙人跑了、生意垮了、身体坏了、公司关了、员工散了、节目停了⋯⋯在你认为所谓的"黑暗期"里，我却住进了五星级饭店的外交官套房休养生息，依然很有钱的样子。

到第九、第十年，我在两年间退了 700 张支票——却一张也没跳掉，全部被我补平轧好！因为我认为我会"有钱"，那一口气始终没有放掉。

第十一年，全部的生意都停掉，同时节目也停掉，我一个人坐着商务舱到美国去散心——依然很"有钱"。我把这段美国的"忧郁症神奇散心治疗术"写成了《想一想，死不得》。

第十二、第十三年，节目回来了、生意又试试看了、朋友多起来了、球打得越来越好了。在我又开始主持的新节目里，其中一个还叫做很"有钱"的"百万大赢家"。

第十四年，我又写了一本书，书名就是《一堂一亿六千万的课》，结果又卖了第一名。

第十五年，孩子已经长大，开始赚钱。我想了一整年，看看自己，还是很有钱，而且感觉越来越有钱。

从和"钱"的搏斗里走出来，我又口袋空空开心地过着"有钱"的日子：打了 300 场的高尔夫球，做了 100 场的演讲，又写了 3 本书……还始终养活着一大家子的人。

第十六年，今年，新年。预备，开始。

有钱的感觉

我在 20 岁的时候，月收入 2000 元也能左右逢源；到了三十几岁，月收入 75 万时也还是会焦头烂额。你说，到底是 2000 元算有钱，还是 75 万算有钱？想要月收入 2000 元？还是月收入 75 万元？

别放马后炮说：你想月收入 75 万，但是不会如我一般糟蹋钱。

我告诉你，月收入 2000 和 75 万时，屁股痒的感觉是不一样的。

真有趣，回想走过的 40 年，有钱？没钱？为什么我一直都觉得自己挺有钱？

你问我，"有钱"到底是什么？答案是：一种你自己去体会的感觉。

无论是谁，有多少钱，一定还有人比你多，也有人比你少。钱比你多的人，未必觉得他有钱；钱比你少的人，也可以觉得他很有钱。而钱比你多的人，可能过着钱比你少的日子，并且觉得他"没钱"。

而我？我一直都有"有钱"的感觉。

要感觉"有钱"其实很简单：钱一直够用就是了。就算当时不够，也知道会从哪里来，什么时候来，会来多少。最好的感觉就是：一定够用。能有这样的感觉，就是"有钱"的感觉。

要达到这样的地步，就要做到"钱的平衡"：花钱和赚钱平衡，能力和

一个人能满足自己幻想的需要才算富裕。

——[美]詹姆斯

收入平衡;努力和成效平衡,负担和成就平衡;期望和结果平衡,你和大家都平衡。

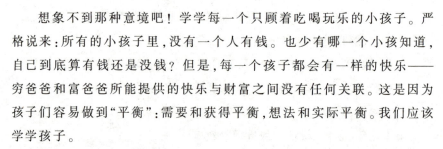

平 衡 最 美

想象不到那种意境吧!学学每一个只顾着吃喝玩乐的小孩子。严格说来:所有的小孩子里,没有一个人有钱。也少有哪一个小孩知道,自己到底算有钱还是没钱?但是,每一个孩子都会有一样的快乐——穷爸爸和富爸爸所能提供的快乐与财富之间没有任何关联。这是因为孩子们容易做到"平衡":需要和获得平衡,想法和实际平衡。我们应该学学孩子。

除了"平衡"让我觉得"有钱",我还生气蓬勃、神采奕奕地觉得我"有钱",因为我一直在"赚钱"。"赚钱"的数字多寡并不重要,是"赚钱"的感觉使你觉得自己有用;是"赚钱"的过程使你觉得自己存在;是"赚钱"的期盼使你觉得充满希望;是"赚钱"之后你就可以实现心愿、拥抱梦想。

"那不能赚钱的人怎么办?"像是高龄长者、家庭主妇……不能赚钱?省钱也是赚!透过自己的智慧和努力,使得家计变轻、钱变好用、物超所值,这一样可以显现出你的价值!

"那还不会赚钱的小孩子怎么办?"孩提时代,是学习和建构金钱观念的黄金时期,金钱观,是最容易在孩子身上浮现出来的。如果能让孩子们在孩提时懂得珍惜所有、学会礼尚往来、愿意与人分享、分摊群体劳务、体会共同喜悦……你就会看见他们少埋怨、多平衡、易开心、常喜乐。真正爱钱的孩子,不会变坏。除非是你我教错了——那也难怪,因为你我也没人教。

还有一件一直没变,一直让我很容易体会"平衡之美"的事:我的排骨饭。我想它可以当做一个好例子,让你体会我所喜乐的"有钱"感觉。

我的排骨饭

有炸排骨可以吃,一直是我觉得自己"有钱"的重要依据!

我一直爱吃排骨饭，武昌街的"江浙好味道排骨大王"一直是我的最爱。

7岁到15岁，在学校打饭时期，我最爱吃的也是炸排骨。"再兴排骨"一吃9年。结婚后，家里饭桌上的炸排骨，依旧是我的盛筵丰馔。

小时候，为了去吃糖醋排骨，全家人从罗东一路散步到三星乡。

坐火车回罗东时，站台的火车便当，或者是"福隆火车站"木盒便当的排骨饭是旅程重点。

到已经被火烧掉了的"中华体育馆"看篮球赛，只要忍到比赛第四节，场外的排骨便当就会从4块降价成1块。

念高中时半工半读，经常一天只能吃一个排骨盒饭，犒赏自己的意味深浓。

念大专之前摆地摊，在"蜜蜂咖啡"吃排骨套餐就是豪华享受。

进了演艺圈后，大鱼大肉的机会多了，我还是觉得吃排骨饭最开心。

昨天，我唯一吃的一顿正餐就是"君悦排骨"的酸菜排骨饭。等一下写完这一段，我还要去"九如"吃排骨菜饭。

小时候的排骨饭2.5元，现在的排骨饭30元——物价涨了，满足不变。说也奇怪，从还不会赚钱到月收入2000元时，我都爱吃排骨饭。到月收入75万时，我还是爱吃排骨饭。

那么，赚那么多钱干吗？更何况回想起来，这一生当中就属月收入75万的那一段日子，我最吃不到心爱的排骨饭！赚比较多的钱真的就比较快乐？在排骨饭这一件事上，我看未必！

现在的我，很有钱。因为我要停笔，叫女儿起床，拉她陪我去吃排骨饭。此刻我口袋里的钱，多到够我抬头挺胸吃10个。怎么样，有钱吧。

英国财经主播狄克·史宾西斯说："找到能让自己满足的道路，钱才是钱！"

与你共享

常言道：知足者常乐。然而生活中却总有人不惜代价地追逐着所谓的财富与金钱，在永无止境的物欲中失去了快乐，迷失了自我。其实，人生得失之间从没有一个清晰的判断，我们无须为得不到一定数量的财富而惋惜，更不能因为执著于金钱而失去生活的意义。

（安　勇）

有些人是因廉洁而贫穷，但贫穷的人却未必都是廉洁的。
——[美]爱默生

作者简介

马明博 作家,新散文网站站长。个人著作有散文集《天下赵州生活禅》、《一日沙门》等。主编"文化名家书丛",其中有《滚滚红尘中拈花微笑——文化名家话佛缘》、《清香四溢的柔软时光——文化名家话茶缘》等。

禅者的财富观

□ 马明博

人活在世上是离不开财富的。财富并非是毒蛇,是造富还是造祸,财富无法自主,其决定权在于拥有财富的人对待财富的态度、使用财富的方法。

佛陀曾指出:贫穷是一切非义与罪行之源。诸如偷盗、妄语、暴行、憎恚(huì)、残酷等,莫不由此而生。

佛陀从没有让人抛弃舒适的物质生活,他说,即便僧人要在僻静的地方修习禅定,要想修习成功,也离不开最低的物质环境。

佛陀说,拥有良好的经济基础,是走向解脱的必要条件。但是拥有舒适的物质生活,并不是人生的目的。

佛陀鼓励信众通过正当的途径获得财富,并提醒信众不要贪财,因为金砂虽贵,在眼成翳。如果一个人只盯着金钱,就好像黄金的颗粒在眼里一样,虽然它贵重,但是它会把眼睛磨痛,甚至会导致种种眼病,乃至失明。

有一个富人,拥有很多金块。他用这些金砖铺成地板,每天踩在上面,虽然从没用过,但是他看一看就非常欢喜。

有一天,这些金砖给人偷去了。

他伤心得死去活来。

佛陀问他,这些铺地的金砖,你用过它吗?

没有!

你既然没有用过,又何必伤心?你丢的,不过是铺地的砖啊。

没有使用的金钱,不属于自己。

功德天能够帮助人获得财富。

有穷人供养功德天,早晚都诚意地礼拜。一直供养了两年,得到了功德天的感应。

那天,听见有人推门进来,一看正是功德天。穷人急忙起来,以虔敬而欢喜的心情去迎接。

功德天是一位美丽的女郎。当她将坐下时,外面又有人推门。

穷人忙着去看时,这回来的,却是一位又黑又丑的女郎。穷人阻止她进来,可是这位黑女郎,却一定要进来,她说:"功德天是我姐姐,我是她的妹妹黑女,我们姐妹是从来不曾分离的。你请她,即使不请我,我也非来不可。姐姐来赐予财富,我来销散财物。你见过有积聚财物而不散失的吗?"

财富是无常的。禅者不应执著财富。

佛陀时代,给孤独长者是一位富翁,曾在舍卫国为佛陀的僧团兴建祇(zhī)园精舍。

佛陀对给孤独长者说,过家庭生活的信众,有四种乐趣:第一,能享受以正当的方法获得足够的财富,并获得经济上的安全感。第二,能把此财富用于自己、家人及亲友身上,并作种种善行。第三,无负债之苦;第四,可过清净无过而不造恶业的生活。

有一个叫做长生的人,在拜访佛陀时,问道:佛陀,我们只是普通的居士,与妻子儿女一起过着家庭生活。可否请佛陀教导我们法,如何在今生都享有快乐?

佛陀告诉他,有四件事可使他现生得到快乐。第一,不论他从事哪种职业,必须求精求效,诚恳努力,并熟谙其业务。第二,对于以其本身血汗换来的收益,必须善加守护(此处指要将财物妥为收藏,以免为宵小所觊觎等。这些必须与当时的时代背景一起考虑)。第三,须亲近忠实、博学、有德、宽大、有智慧而且能协助他远离邪途、走入正道的善知识。第四,用钱必须合理而与收入成比例,不可靡费,亦不可悭吝,即不可贪心积聚财富,亦不可奢侈挥霍,应量入为出。

怎样正确地使用财富?佛陀明确地谈到如何用钱、如何储蓄的细则。

在《杂阿含经》里,佛陀告诉善生,应当以他收入的40%用来经营事

一个人的富有,并不凭着他所拥有的东西,而是凭着那些他可以没有而仍然保持着尊严的东西。
——[德]康 德

业,30%用来家庭生活,20%储蓄应需,10%用于布施,作福功德。

在《阿含经》里,佛陀说了四句偈,指导在家人如何使用金钱。"一施悲和敬,二储不时需;三分营生业,四分生活用。"

如果把个人的收入分成十分的话,一施悲和敬,要把收入的10%拿出来布施,培养慈悲心救济需要帮助的人,以恭敬心资助僧团等;二储不时需,要把收入的20%储备起来,以备不时之需,因为人会生病,或要旅行,平常要有储蓄作为准备;三分营生业,要把收入的30%用来经营谋生,发展事业;四分生活用,要把收入的40%作为生活费用,比方说侍奉父母、教育子女、维护家庭生活的开支,等等。

习禅与获得财富并不矛盾。

佛经里有一个词——"皆大欢喜",是说要在日常生活中,待人处事,处处都要想到皆大欢喜。禅者在获得财富的过程中,应处处充满"欢喜心",获取财富要以给人欢喜为原则,尽量做到大家都欢喜,不结恶缘。例如:发财,我很欢喜,可是不能为了妄想发财,就去偷、去骗、去抢;这是别人不欢喜的!如果将自己的欢喜建筑在别人的痛苦上,势必遭受痛苦的果报。

在佛陀眼里,世间有两种财富:外在的财富和内在的财富。

珠宝、项链、黄金、白银、土地、名誉、权利、资产……这些都是外在的财富。内在的财富是经由佛陀的指导,我们得以放下烦恼的包袱。

佛陀告诉我们,外在的财富并不真正属于我们,它非常容易失去,被偷窃、掠夺及其他的苦难所损毁,更有甚者,外在的财富带有潜在的伤害性,与我们为敌,给我们带来灾难。内在的财富不会对人造成伤害,不会让人哭泣,也不会让人笑出来,因为哭与笑不能和解脱的智慧相比。

与你共享

对生命而言,要存活,只需一箪食、一瓢饮就足矣,人们对财富的追求往往是为了让生活变得更好。很多时候,这种追求"更好"的愿望却成了束缚你我的枷锁。亲爱的朋友,在追求更好的过程中别忘了把握自我、计划自我,因为人不能只活在物质中,人还需要精神生活。

（安 勇）

作者简介

摩罗　原名万松生，1961年生于江西。当代作家。主要作品有《耻辱者手记》、《自由的歌谣》、《因幸福而哭泣》、《不死的火焰》等。

财富·自由·功德

□ 摩　罗

　　财富是什么？大概是一切财产的总和。这个"总和"我看还得有个标准，能把逃荒路上人们背着的那个包袱叫做财富吗？能把水库工地上千万民工用草绳扎起来的那件棉袄叫做财富吗？能把农民用一辈子的汗水打造的除了墙壁和屋顶什么也没有的那个窝叫做财富吗？

　　我认为肯定不能。在我看来，财富应该是在满足必不可少的日常消费之外尚有剩余的那部分财产的总称，或者是日常消费在其总量中微小得可以忽略不计的那种规模的财产的总称。

　　如此说来，绝大多数农民都没有财富，很多城市贫民也没有财富。有的城里人虽然有一个上辈传下的住所，可是他如果卖掉住所就无安身之处，不卖掉住所又没有饭吃，这样的人其实也没有财富可言。

　　如此说来，我像我所来自的那个阶层的兄弟姐妹一样，也是一个没有财富的人。我已经生活了大半辈子，在国家体制中工作了20多年。近年，我为了在城市边缘买下一个安身之所而负债几十万，只能用以后几十年的汗水来填补这个对于穷人来说很大很大的空缺。我这房子能算是财富吗？

　　一个没有财富的人还能有财富观吗？我觉得自己更适合讨论贫穷观。但是贫穷观和财富观其实是同一个意思，只要稍有一点超越财富、财产、金钱的心力，就犯不着在这样的问题上抠字眼。

　　在离开生我养我的那个山村之前，我贫穷的感受并不十分强烈。自从17岁那年进城念书，面对着山村之外这个物欲横流、金银翻滚的世界，我就一直忍受着难以想象的贫穷境遇和贫穷意识的折磨。我对"反右"运动和"文革"中惨遭迫害的读书人怀着本能的同情,多年以来一想起他们的屈辱命运我就义愤填膺。我曾经带着灵魂的战栗阅读过他们描述悲惨遭遇的大量文字,常常禁不住拍案而起。今天想来,我在义愤和同情的同时,还应该羡慕他们才是。当他们泡着奶粉补充营养的时候,我却走在山村的上学路上咀嚼着难以下咽的糠粑。当他们坐在火炉边倾诉屈辱的时候,我却站在寒风怒号的破烂教室里瑟瑟发抖地给那些穷苦孩子讲授"卖火柴的小女孩",陪伴我的是孩子们一双双长满冻疮的手和他们像卖火柴的小女孩一样悲苦绝望的命运。我曾经将一天两次刷牙改为一天一次刷牙,以求节省开支。我也曾将我二哥种田时穿烂丢弃的一双破解放鞋穿进了城里的学府,女同学投来的惊讶而又尖锐的目光也没让我脱下。一个人如果不是穷到绝境哪会如此,然而一个人如果不是心有所寄具有超越富贵贫贱的大勇又哪敢如此。

我就业 20 多年来,从来是单位上收入最低的人。所有的好处都跟我无关。当大多数人都因为三五元、数十元的加班费、好处费围着头儿转的时候,我却躲在一个角落自作主张地读着什么、写着什么。当我清楚控制我的业余时间的杠杆不是金钱,而我又无须为蝇头小利去取悦和归附谁的时候,由读书写作带来的快感于是成了抵抗着暂时贫穷的愉悦过程。

我刚来北京就业时,一位朋友对我说,北京太让人浮躁了,诱惑太多。我不解地问为什么,他说:"因为机会太多。"我在北京生活的时间越长,越理解那位朋友的话。还经常想起三四十年代人们一到纸醉金迷的大上海就迅速膨胀欲望迷失自己的故事。可是我无论在上海在北京,从来没有想过要把挣钱作为人生的第一目标。很多作家下海经商时,信誓旦旦等挣钱之后再重返文坛,至少可以支持文化事业。可是我用不着迈出第一步就知道开弓没有回头箭,人生每一个关口的选择都是一次性的。要是等到自己拥有了金钱再看淡金钱那就晚了,那就耽误了你在别的方面的积累、修炼和建树。必须在没有金钱的时候就敢于超越金钱,那样才不至于心猿意马,不至于放弃自己所钟情的志趣爱好。事实上那些下海发财的诗人作家没有谁真的能重新回到文学上来。所谓积聚财富以后支持文化事业的人到目前为止也尚未在我的视野中出现。

在我写作长篇小说《六道悲伤》的过程中,我遇到了前所未有的精神危机,长时间被信仰问题苦苦纠缠。我不但怀疑文字的现实力量和内在价值,甚至怀疑人生本身的价值。那时候我一度想过是不是放弃文学写作,但当时想投身其中的是慈善事业而不是升官发财之类。我终于没有投身让我景仰不已的慈善事业,而是一边对付精神危机一边把小说写下去。今年夏天,我终于把小说写完。在这个诱惑纷呈的浮躁时代,费时五年写一部小说的人其实为数不多。由于这部作品,我不但享受到了表达的快感,而且第一次体验到了成就感。这是多少金钱都买不到的。

我说这些并不是因为我认为金钱不重要。贫穷的人不但常常遭到疏远和遗弃,还难免遭到鄙视和嘲弄。我相信在我的交往圈中没有一个人像我一样承受过贫穷对于人类情感和尊严如此残酷的折磨与摧残,所以也没有一个人比我更加明白金钱的重要。可是即使在我穷昏了头的时候,我也一直十分清醒地知道金钱不是唯一重要的,还有许多东西跟金钱一样重要,甚至比金钱更加重要。我不把金钱作为第一目标并不是因为我没有贪欲,我不想自我标榜为一箪食一瓢饮的圣贤,或者标榜为安贫乐道清心寡欲的智者。我更愿意承认也许恰恰因为我的贪欲更大更强,我想要的东西比金钱更多更广。

萨特曾经说,我什么也不想得到,除非整个世界。这话很能解释我和许多像我一样的人为什么不愿意放弃一切直奔金钱。

人类跟猪类狗类一样,是造化的作品之一,但确实是一种特殊的作品。其特殊性之一就在于他总是企图超越经验、超越身体的需求、超越造化的大限,跟世界建立整体性的联系,对世界拥有整体性的理解和整体性的把握,并通过这种整体性的联系和把握来发现生命的意义。人类不可能通过自己的感官、经验、知识来把握世界的整体性,只有通过无所不在、无所不能的最高存在来超验地把握世界,超验地拥有世界并热爱世界,超验地理解族类和个体生命的意义。所以,无论作为种类的存在,还是作为个体生命的存在,任何单一需求的实现,都不能使他得到满足、得到心灵的安宁。即使是受到普世尊崇的金钱,也不足以买到幸福和意义。而一旦建立起跟这个世界的整体性的联系,生命就会变得无限丰富和绵长,即使金钱较少甚至完全没有金钱(但须有衣食的基本保障,如著名的德兰修女),也能拥有充实的人生和精神自由。

一个心志高远的人,要么得到整个世界,要么一无所有。越是一无所有的人,越是不能仅仅因为拥有金钱就得到满足。我相信十几年前在暴发户群体中流行的"我穷得只剩下钱了"绝不是一句虚伪的感叹。金钱只有

大量金钱总是要使权威瘫痪的。

——[德]歌 德

青少年受益一生的 名人金钱哲学

跟自我的社会认同、积极的人生目标、平和的心态、善良的愿望、广博的爱心相伴随,才能产生美好的效用,才能构成幸福的因素之一。

人是如此复杂,他的贪欲、他的罪性、他的躁动都是如此深不可测。可是他的高贵、他的博大、他的慈悲也是断断乎不可用金钱来度量的。每个人都有高贵的一面,只是有的人心力太小,常因一叶障目而迷失了自己。有的人心力大一些,虽然处于妖氛迷雾之中也不会须臾放弃生命价值与精神自由的追寻。

与你共享

哈伯德认为:"金钱本身没有价值,它只是衡量人类欲望的尺度。"将尺度当成了尺度所衡量的事物,将自己的欲望建立在金钱之上,这无疑是极为愚蠢的实利主义。生命之中,值得我们选择与追求的有很多,例如爱、健康、成功,如果仅仅为了满足金钱的欲望而将它们放弃,生活将不再绚烂。　　(安　勇)

作者简介

杨如彦　1968年生于甘肃,1990年毕业于复旦大学经济学系,后获中国社会科学院经济学博士学位。主要研究方向是法律的经济学分析、金融制度变迁理论和金融资产定价原理。先后在《金融研究》、《中国社会科学评论》、《管理评论》等学术期刊发表文章40余篇,主编《中国金融工具创新报告》。

财富的比较观

□ 杨如彦

财富给我们的感觉,多数是比较出来的。比如改革开放之初,我们看人家的确很富，一比较，感到自己真是"一穷二白"，不免辗转反侧，心浮气躁，总觉得人家的生活固然值得艳羡，就连人家说话的口气也值得仔细揣摩。大约有十年吧，我们一直认为人家怎么干都有道理，我们怎么干都不如人。后来发现也不尽然，他们也有水门事件，而且据说年轻人的精神都极度颓废。这样想尽管有些幸灾乐祸，但毕竟让人感觉安慰；而且，即便他们没有搞砸，毕竟我们生活在自己的土地上，而土壤是无法替换的——承认现实似乎能让人安静一些。不过，这样承认现实总让人感觉是被迫就范，有些苟且。再后来的比较就越来越理性，因为调整好了心态，所以在承认不如别人的同时，又不忘记自尊。但也不全是这样，说是调整好了心态，其实与我们积累的财富多了一些也很有关系。有了财富，强调自己的精神状态，才不显得那么空洞。何况，有财富的人才更愿意证明自己有精神。比如索洛斯，写了一本书，讲投资的地方很多，但他本人更愿意说那是一本哲学书，尽管放在中国学界讨论的时候，很多人觉得即便说那是一本学术书籍都很勉强。

因为财富给我们的"感觉"是重要的，所以"感觉"经常独立于财富之外。有些人能在自己的精神世界里构造一个辉煌盛大的王国，这个王国能替代一些财富给人的感觉，于是有人以此作为贫穷的开脱和遁术。不过另外一些人在财富和财富的感觉上实现了自觉，因而能多样化自己的志趣。欠缺财富更容易使人沉思，而沉思产生艺术和科学，对思想进行再思想，那就催生了哲学。中国南宋朝廷偏安一隅，财富很少，人们多数时间在沉思中打发光阴，艺术、科学和哲学因而十分繁荣。是自卑的开脱，还是自重的多样化志趣，关键看比较什么：如果比较财富，一般会是前者；如果比较财富的感觉，很可能成为后者。

关于人们的感受，规范的理论概念叫做效用。前面的说法至少让我们看到两种实现效用的渠道：一个是物质财富，一个是精神享受。古今中外，这两种渠道始终关系紧张。英美国家专门从法语引入了一个词来给暴发户画像，叫做 nouveauriche，意思是有钱但粗俗不堪(但似乎没有"精神的暴发户"一说)。一个折中的办法出现在 18 世纪的欧洲，当时的宗教改革，把孜孜不倦地追求金钱当做进入天国的康庄大道，从而使两种渠道的紧张关系得到部分缓解。在中国，紧张关系的缓和，可能还需要很长的时间，至

贫穷而正直，胜过富贵而诡诈。

——《圣经》

少要富人、穷人和学界一起努力才行,因为真正的缓和要求把财富的比较和财富感觉的比较变成大众常识。在这些常识之下,积累财富很成功的人,不会用财富掠夺和欺压别人;积累财富不成功的人,也能平淡冲和,保持自尊,在多样化人生方面找出路;学界则更像一个仲裁人,他们只秉持正义和良知,而不会在财富比较上偏私和狭隘。

财富对多数人来讲是一种约束——约束也还是比较出来的:因为年终老板不发奖金,所以你只好继续看很破旧的电视;因为你有一套住房要供奉,所以你只好选择在证券行业里多待一些时间。整个一门经济学理论,其实无非是在说,在我们认识到自己的财富有限的时候,怎样做才能让人感觉好一些。但一定要注意,约束是一种感觉——经济学上用效用函数来描述,而且也只是一种感觉。以前我在政府部门工作的时候下乡扶贫,看见一个中年农民光着脊梁在刚收割过小麦的地里拉二胡唱秦腔,那种愉悦的神态,完全不像一个家徒四壁的人。他为什么快乐?因为没有感觉到财富很强的约束;为什么没有感觉到这种约束?因为他没有比较过,他不知道外面的世界里,人们是怎样生活的。正所谓"子非鱼,焉知鱼之乐?"自然,深刻的比较,得出的财富观要更深刻一些。张五常说,作为经济学家,他只是知道一点价格理论,而他知道的全部价格理论,也就是一些局限条件,和一条向下倾斜的需求曲线。这是对的,因为所谓价格,就是描述一些财富换另外一些财富时,我们的感觉如何的那么一个工具,因而是一种深刻的比较。因为张五常说出了财富和比较的精髓,所以人们尊称他为经济学家。而我辈顶多只能算作经济学人。

我们可以模拟一个和霍布斯丛林不同的蛮荒时代。在那个时期,人们的财富积累逐渐地出现了分化,有了这个初步的比较以后,人们开始寻找财富差别的原因。一些人说有些人更富裕一些是因为他们乐于和善于过勤俭的日子,这样分析问题的人后来成了第一批经济学家。不过也有人认为,尽管人的才能有天生的差异,但这种差异可以在后天通过学习得到部分补偿。不管能不能补偿,禀赋方面的差异被归入人力资本一类的财富。这个看起来简单的观念,让很多穷人看到了希望:目前没有财富的人,可以比较人力资本,证明自己在未来会很有财富,以便取得别人的信任。事实上,目前没有财富的人,看到别人很富足,比较以后,也有动力积累人力资本。这么做经常是有效的,好比我坐在这里写稿件,就是一个很好的积累人力资本的办法,要是人们进一步注意到,给上证报的这个栏目写稿件的人,既有茅于轼,又有张曙光,可能会误以为我也不只是一个经济学人,那我就积累了更多的人力资本。不过这些溢价的部分,也还是比较出来的。

但是人力资本毕竟不是可以支付日常用度的财富,中间有个变现过程。这个过程历来很受人关注,倘若因为性急,用了一些鸡鸣狗盗的办法,那是为人所不齿的。唐代诗人王勃,是一个很有人力资本的人,可惜为了变现人力资本,他自称梦得孔子教诲,于是注解《周易》;又学他的祖父,在诗三百之后狗尾续貂了一本《续诗》,做圣人状。此等希求用投机取巧的办法谋取学术租金的伎俩,让很多人深省。我们不满意王勃的做法,是因为他破坏了规则,要是人人都像他一样,世界一定很混乱,这相当于每个人都要拿出一些资源防范王勃们。巨大的社会资源浪费,让我们不得不考虑用道德观念规范人力资本变现的过程。

我们可以用财富定义快乐,拥有更多财富的人,更容易获得快乐。因为更多的财富意味着更丰富的选择权,也就是他们不必担心比较后的失落和遗憾。也有相反的力量在抵消这种选择权,比如财富越多,拖累越重。所以是否快乐,要看这两种力量对比以后剩余的结果。说财富可以定义快乐,那只是局外人的做法,我们自己不会用财富定义快乐。局外人要评价谁最快乐,或者要评价他自己是否更快乐,只好用财富这种看得见的东西作参照。至于我们自己,譬如鱼之饮水,冷暖自知,不需要另外一个参照。如果我们理性地内省一下,会发现快乐经常是人生的诱饵,像钱钟书说的那样,我们希望快乐来,希望快乐再来,几分钟或者几秒钟的快乐赚我们活了一辈子。可见财富的确只是一种手段,那些现在没有财富,以及以后似乎永远也不会有财富的人,可以据此松一口气:我们在比较快乐,而不是比较财富。

与你共享

欲速则不达,矫枉切勿过正。世间万物都有一个度,超过了这个度,好事也会向坏的方面转化。对于财富,我们心中应当自定义一个适合的度,虽不是无所欲求,但亦不会以钱财的多寡作为衡量幸福的唯一标准。快乐的指数并不取决于财富的数量,而取决于这个度是否恰当。

(安 勇)

富而不清白,不若贫而有名誉。

——[英]弥尔顿

作者简介

奥修（1931~1990） 印度著名哲学家、世界古宗教研究者、瑜伽研究者。毕业于印度沙加大学哲学系，曾经获得全印度辩论冠军。在印度杰波普大学担任了9年哲学教授之后，周游各地演讲。主要作品有《生命的真意》、《静心》、《生存智慧》、《奥秘心理学》等，被译成30多种文字畅销世界各地。

青少年受益一生的 名人金钱哲学

谈 金 钱

□[印度]奥 修

　　金钱是一个携有杂质的主题。它简单的理由是：我们无法想出一个明智的系统，在那个系统里，金钱可以成为整个人类的仆人，而不是某些贪婪之徒的主人。

　　金钱是一个携有杂质的主题，因为人的心里充满了贪婪，否则金钱只不过是一个物品交换的简单工具，一个完美的工具，它并没有什么不对，但是我们处理它的方式使得在它里面的每一件事似乎都是错的。

　　如果你没有钱，你会遭到谴责，你的整个人生都将会是一个祸害，在你的一生当中，你都会试图借着任何方式来拥有金钱。如果你有钱，它并不会改变基本的事情，你会想要更多，你的想要更多是无止境的，当到了最后，你已经有了很多钱——虽然它还不够，它永远都是不够的，但它已经比其他任何人都来得多——那么你就开始觉得有罪恶感，因为你用来累积金钱的手段是丑陋的、不人道的、暴力的，你一直在剥削，你一直在吸人们的血，你一直都是一个寄生虫，所以虽然你已经有了很多钱，但是它会提醒你，你在得到它的过程中所犯下的罪行。

　　这会产生出两种人：其中一种会开始捐款给慈善机构来去除罪恶感，他们在做"善事"，他们在做"神的工作"，他们会开医院或学校，一切他们所做的多多少少都是为了要避免因为罪恶感而发疯。你们所有的医院、所有的学校和所有的慈善机构都是有罪恶感的人的结果。比方说诺贝尔奖的创办人是在第一次世界大战期间借着创造各种毁灭性的炸弹和机器而大赚其钱的人。第一次世界大战期间有很多人使用诺贝尔先生所提供的武器。他赚了巨额的钱……交战的双方都向同样的来源购买武器,他是唯一大量创造战争武器的人,所以不论是谁被杀死,都是被他杀死,不管他是属于这一边或是属于那一边,任何一个被杀死的人都是被他的炸弹所杀死,所以在老年的时候,当他已经拥有在这个世界上一个人所能拥有的金钱,他就设立了诺贝尔奖,它以一个和平奖来给予——由一个靠战争赚钱的人来给予。对和平有重大贡献的人就可以得到诺贝尔奖,它颁给那些有伟大科学发明,有伟大艺术或创造性发明的人,诺贝尔奖还附有一笔很大的金额,目前它大概将近25万美元。最好的奖,同时又附有25万美元,那个数目还会继续增加,因为钱会变得越来越贬值,如此庞大的一笔财富,所有这些诺贝尔奖每年所分配的奖金只是那些钱的利息而已,原来的本金还是保持完整,它将永远都会保持完整。每年都有那么多的利息产生,你甚至可以给20个诺贝尔奖。

所有的慈善工作事实上都只是想要洗掉罪恶感的一种努力。当比拉多下令要将耶稣钉死在十字架上,他所做的第一件事就是洗他的手,奇怪!下令执行十字架刑并不会弄脏他的手,他为什么要洗手呢?它具有某种意义:他觉得有罪恶感。人们花了两千年的时间才了解到这一点,因为两千年以来,甚至没有人去提,或是去评论,为什么比拉多会洗手。弗洛伊德发现那些有罪恶感的人会开始洗他们的手,它是象征性的……好像他们的手沾满了血。所以如果你有钱,它会产生罪恶感,其中一种方式就是借着帮助慈善机构来洗你的手,这是被宗教剥削,他们借着你的罪恶感来剥削,但是他们继续在支持你的自我,说你在做伟大的灵性工作,它跟灵性无关,它只是他们试着在安慰你的罪行。

第一种方式是各种宗教一直都在做的,另外一种就是那个人觉得非常有罪恶感,所以他不是发疯就是自杀,他本身的存在会变得非常痛苦,每一个呼吸都会变得很沉重,奇怪的是:他一生努力工作就是为了要得到这些钱,因为社会挑起了他成为富有和拥有力量的欲望和野心,而金钱的确带来力量,它能够购买每一样东西,除了少数几样东西不能够购买之外,但是没有人会去管那些东西。

穷则独善其身,达则兼济天下。

——(战国)孟 子

静心无法被购买,爱无法被购买,友谊无法被购买,感激无法被购买,但是没有人会去顾虑那些东西。其他每一样东西,整个物质世界的东西,都能够被购买,所以每个小孩都会开始爬那个野心的阶梯,他知道如果他有钱,那么每一件事都可能,所以社会孕育出野心的概念,以及要成为富有、成为有力量的概念,那是一个完全错误的社会,它创造出心理上病态和疯狂的人。当他们达到了社会和教育系统给他们的目标,他们就发现他们自己走进了死巷的终点,那个路就在那里结束,超出那个之外已经没有东西了,所以或者是他们变成一个虚假的宗教人士,或者他们只是跳进疯狂、跳进自杀,而毁灭了他们自己。

如果金钱不要落入个人的手中,如果它是社区的一部分,或是社会的一部分,而社会照顾每一个人,那么金钱可以是一样很美的东西。每一个人都创造,每一个人都贡献,但不是付给他们金钱,而是付给他们尊敬、爱、感激,以及一切生活上的必需品。

金钱不应该落入个人的手中,否则它将会产生罪恶感的问题,金钱可以使人们的生活过得很丰富。如果社区拥有金钱,社区可以给你一切你所需要的设施,一切生活的教育和创造的层面。社会将会被弄得很丰富,而没有人会觉得有罪恶感。因为社会为你做很多,所以你会想要用你的服务来回报。如果你是一个医生,你将会尽你一切的力量做好你能够做的;如果你是一个外科医生,你将会尽你的力量做好你能够做的,因为是社会帮助你变成最好的外科医生,是社会给你所有的教育、所有的设施,从你的孩提时代就一直照顾你。那就是当我说小孩子应该属于社区,而社区应该照顾每一件事的意思。

一切由人们所创造出来的东西不应该由个人所囤积,它是社区的资源,它是你们的,它为你们而存在,但是它不要落在你们的手中,它将不会使你变成具有野心的,它将会使你变得更有创造力、更慷慨、更懂得感激,因此整个社会会变得越来越好,越来越美,那么金钱就不是一个难题。

与你共享

爱、财富、成功,你选择了什么,舍弃了什么?如果你选择了爱,财富与成功很可能会随之而来,但如果你仅仅选择了财富与成功,你将有可能会失去另外两项。财富的获取绝不是一己之力能完成的,若你心中有爱,懂得分享,懂得感恩,懂得共赢,那你便真正学会了如何获取财富。　　(安　勇)

作者简介 吴淡如　女,1964年生,台湾宜兰县人。台湾著名的电视台、电台节目主持人。已出书多种,大都是畅销佳作,如《爱情,不是得到就是学到》、《人生以快乐为目的　爱情以互惠为原则》(双学位版)、《真爱非常顽强》等。已连续5年获金石堂最佳畅销女作家第一名,被誉为"台湾畅销书天后"。

你的钱是桥还是墙

□ (台湾)吴淡如

　　香港有位女流浪汉,在街头流浪已有十年以上;某天警察临检她放在街头的家当,竟然发现纸箱里放着数百万港币的现金,大吃一惊。原来,她是个富婆。衣着破烂的她,远比那些穿着名牌在中环行色匆匆的许多上班族有钱得多。

　　年近半百的她,精神正常,个性强悍,为什么流浪?必然有她的原因。有人觉得露宿街头也许比较快乐。

　　不过,身怀巨款流浪,一定活得忧心忡忡吧?她可能天天在担心,有人想要弄走她的钱,就算在街头露宿,也不能够离开她的几只纸箱家当。

　　虽然身怀巨款,但她拥有的钱,只能叫做"死钱"。并没有用在她喜欢的东西上,一点实质的经济效益也没有。这样的富婆,还真不能够不教人同情。

　　不久前,又有新闻说,有个年纪很大的老人,被人发现病倒街头,好心人将他送进医院,老人穿着又破又脏的西装,全身上下都是臭味,医护人

　　谁在平日节衣缩食,在穷困时就容易渡过难关;谁在富足时豪华奢侈,在穷困时就会死于饥寒。
　　　　　　　　　　　　　　　　　　　　——[波斯]萨　迪

员本来以为他是个流浪汉,帮他梳洗医治时,护士竟然发现脏衣服口袋里有不少钱。

老人身上的现金与存折存款将近 8 万元,有趣的是,还有"上世纪 70 年代的粮票、油票、米票、鱼票和布票",看得医护人员目瞪口呆。

原来,这位 94 岁的老人是国营单位退休人员,没有亲人。他不是流浪汉,有房子也有退休金,生活无虞,平时身体也不坏,他个性孤僻,一直担心把钱放在家里,会有人来偷,于是将所有财物带在身边。不料那天出门吃饭时,忽然晕倒了,醒来时已经待在医院。

老人也算是个有钱人,只不过,他拥有的也是"死钱"。这些死钱,只换得他忧心忡忡,没换得什么享受。

以上两个例子,依传统看法,可能都会被视为"就是因为没有儿女,才会变成孤苦老人"。其实,有儿有女的孤独老人多的是。中国人也最怕老的时候没有钱。在我看来,人活得孤苦,问题都不在于有无儿女和钱。最可悲的人生,都因为:一、性格有问题,没有朋友;二、平日没嗜好,活得无乐趣;这两种缺陷,都会把钱变成死钱,只能守财,不能用钱开创乐趣。

有人把钱当成桥,让自己走出去;有人把钱当成墙,把自己砌在里头。钱不是财富,我们能将钱换成多少让我们欣慰的东西,不管抽象还是具体,才是真正的财富。

❋ 与你共享

有人认为金钱握在手中才会安全,有人认为挥金如土才是享受,但他们却不懂如何用金钱购买快乐。金钱能购买快乐?能。捐助有需要的人,在行善中享受快乐;把钱花在自己喜欢的有意义的事上,在爱好中享受快乐……关键是你是否拥有那一份用金钱购买快乐的智慧与平静。

(巩高峰)

作者简介

薛涌　1961年生。旅美学者。北京大学中文系毕业，曾主办《北京晚报》专栏"百家言"，在《南方都市报》开辟专栏。著有《论语：学而时习之》、《草根才是主流》、《美国教育阶梯》、《谁的大学》、《直话直说的政治——薛涌美国政治笔记》等。

中国为什么"富不过三代"

□ 薛　涌

　　北大要建高尔夫练习场，立即引起公共关系危机，最后这一贵族计划不了了之。然而，一波未平，一波又起。10月14日，厦门大学校长朱崇实宣布："两个月后，目前国内最漂亮的高尔夫球练习场将在厦门大学建成投入使用。今年06级厦大学生都要上高尔夫球课，其中对管理、法学、经济、软件学院的学生还是必修课，每个学生都要学会打高尔夫球。"据说这是精英教育的一部分。

　　中国有句老话："富不过三代。"其实，这并不是一个放之四海而皆准的规则。看看美国肯尼迪、福特、洛克菲勒、福布斯等家族，哪里有三代而衰的？再看日本，一个买卖往往从江户时代就开始，至今家门兴旺。"富不过三代"其实很有中国特色。其中的原因之一，就是我们中国传统中有深厚的培养败家子的传统。

　　看看厦门大学的创举就明白：精英教育，就是要让几个专业的学生把高尔夫球当必修课。你到世界找找，哪个国家有？这大概可以进吉尼斯世界纪录大全了。我们为什么能这样独步于世？因为我们对精英有与众不同的理解：精英就是人上之人，就必须具有享受人上之人的生活的训练。以中国的国情，高尔夫是一般人玩不起的，是绝对的上流社会的运动。所以，不仅大学要建高尔夫练习场，上海等地的新贵们，一天价把六七岁的孩子就送到贵族学校学习高尔夫。惹得美国人把这种事情登到《纽约时报》上，

　　有人假装富有，其实一贫如洗；有人假装贫穷，却是腰缠万贯。

——《圣经》

让大家看暴发户的热闹。

美国的情况如何呢？在人家那里，精英的家庭也希望自己的孩子继续成为精英。但是，人家精英的概念明显不同。比如，美国的报纸上常有讨论：富裕的家庭如何向孩子解释家里的财产？许多富人特别注意不让孩子知道自己是富人，以防他们小小年纪就因为觉得有依靠而不思进取。但有些家庭的财富是盖不住的，比如豪宅、飞机、游艇等等，怎么可以让孩子不知道？在这种情况下，家长常常想尽办法，让孩子觉得这些财富和自己无关。更有盖茨、巴菲特这种，早早把财产捐了。我一个朋友，不算有钱人，但父亲是一常青藤的前校长，丈夫是另一常青藤的终身教授，说她文化贵族不应该说过分。她就坚持把孩子送到公立学校，觉得私立学校容易在富家子弟中培养一种 entitlement（大致可以翻译为"理所当然的特权"）。还有一些家庭，干脆自己掏腰包，让孩子去非洲、拉美、南亚的贫民窟当志愿人员。

美国的精英教育多种多样，也有许多失败的家庭。但是，被社会奉为主流的精英教育，特别是针对那些精英家庭的孩子的精英教育，所强调的一个基本点是如何去掉孩子意识中的 entitlement 意识，让他们意识到一切必须通过自己的努力挣来。而要成为精英，就必须有"领袖才能"。这种才能体现在和民众的沟通能力上。所以，精英教育强调的是如何了解下层社会，而不是自己的小圈子里玩什么。

我们的精英教育则正好相反：培养的就是人家想去掉的 entitlement 的意识。高尔夫就是这种 entitlement 之一。我们强调的，不是精英向社会提供什么服务，而是精英要从社会中享受什么。人家注重的是创造，我们注重的是挥霍。范仲淹的"先天下之忧而忧，后天下之乐而乐"之所以成为千古名训，大概是因为很少有人这样做而变得格外珍惜了吧。高尔夫课显然是有高度的前瞻性：它对那些大部分还一事无成的学生传达的信息就是怎么先天下之乐而乐，甚至在天下皆忧时怎么自己独乐。这难道不是世界一流的培养败家子的课程吗？

中国还没有富，怎么富的门路也没有找到，但富了后如何挥霍已经被设计得如此精致。难道这就是中国富翁的未来？

与你共享

怎样才能"守"住财富？不是依靠守财奴的本色，也不是以投机取巧来取胜，只有拥有正确的价值观和扎扎实实地奋斗才是致富和守富的前提条件。只有靠一步一个脚印的长期努力，才能长久地获取财富。 （巩高峰）

作者简介

钟伟 1969 年生，江苏溧阳人。北京师范大学经济学教授。主要著作有《繁荣的迷思》《金融资本全球化论纲》，以及随笔集《感恩之心》《一生之水》等。

金钱是最好的仆人也是最坏的主人

□ 钟 伟

我的金钱观是简单而传统的。

第一，金钱是清白的，不清白的是人的内心。据说中国和犹太的传统道德是世上仅见的不仇视金钱的两种传统道德。《论语·子罕篇》中，子贡问孔子："有美玉于斯，韫椟而藏诸？求善贾而沽诸？"孔子说："沽之哉！沽之哉！我待贾者也。"可见儒学渊源并不将固守清贫和富贵对立起来。《国语》中说"言义必及利"，强调"义以生利，利以丰民"，《晏子春秋》中说"义厚则敌寡，利多则民欢"。连中国的佛教也并不认为金钱是不好的，指出佛其实要的不是清贫如洗，而是宝贵严华，那种苦修戕身的做法，从来在中国善男信女中没有什么市场。中国的民俗也是如此，例如我们常常说，有点文采武艺，是要卖于帝王家的，又说书中自有黄金屋。因此，金钱本身无

满足于最低限度的人最富有。

——[古希腊]苏格拉底

疑是清白的。

既然五千年的传统是这样，为什么迄今知识分子对谈论金钱如虎狼之畏呢？大约是近50年来中华文化遭受了深重的突然断裂所致。君子可以不重利，但发展到羞耻于言利的程度，离伪君子也就不遥远了。不否认知识分子中有不以贫困为苦的，例如孔子的弟子颜回就能"居陋巷，一箪食，一瓢饮，人不堪其忧，回也不改其乐"，但应该看到，颜回是那种"素富贵行乎富贵；素贫贱行乎贫贱"之人，他是随遇而安，知足常乐，虽然不以贫困为苦，但却也并不以富贵为耻。人的"动物性的过去"使得真正能从贫困中得到莫大欢乐的人少之又少，而即使如此也并不排斥知识分子可以在义利之辨的基础上过得相对宽裕一些。视金钱如洪水猛兽者，和中国传统无关，仅仅和其内心的局促和焦虑有关。无产阶级革命的目的很大程度上就是"对剥夺者的剥夺"，就是消灭无产阶级自身，使之摆脱"被剥夺者"的悲惨角色。同样将知识分子和金钱对立起来，也和高风亮节全然无关，仅仅是内心的一种扭曲而已。

第二，君子爱财，取之有道。知识分子必然不是社会分层中最为富裕的群体，但也不是最困窘的群体。作为高校教师，我享受着尚能接受的工资和种种福利，还可以挣一些稿费养家糊口，因此内心是平和的。佛陀在《善生经》中为善生童子开示生存之道时说："先当学技艺，而后获财富"。一个人在社会上立足，必须有一定的谋生之道，即使拥有福报，也还需要通过相应的技能才能得以实现。我们现在靠写字谋生，也算是安守本分吧！应该警惕的是，君子爱财并不能作为知识分子道德堕落的借口。迄今为止，穷则独善，达则兼济仍是我们在义利之辨的同时，应有理欲之分的准则。

如果是取之有道，那么，如果那些金钱果然是我在灯下寂寞地阅读、思考、写作而得，虽分毫也不应该羞于接受；如果那些金钱并非诚实劳动所得，那么就应该看开些，不应让贪欲迷惘了自己，所谓"不义，虽利勿动"也。记得佛经中记载着这样一个故事，佛陀与弟子阿难外出乞食，看到路边有一块黄金，就对阿难说："毒蛇。"阿难也回应道："毒蛇。"正在附近干农活的父子俩闻言前来观看，当他们发现佛陀和阿难所说的毒蛇竟然是黄金时，立刻欣喜若狂地将其占为己有，可结果却是引来杀身之祸！黄金没有给他们带来富贵，反而使他们陷入国库被盗的案件之中。刑场上，父子俩才追悔莫及地想到"毒蛇"的真正意义。我们内心的毒蛇比路上偶遇的毒蛇要多得多，所以时时反省是必要的，这样即使不能保证时时走在正途，也可避免堕入万劫不复的深渊吧！

第三，金钱是最好的仆人，却是最坏的主人。当你的生活为追求金钱所主宰时，你就迷失了自我；而当你的金钱为你的生活所主宰时，你就接近幸福。金钱对守财奴而言，只是一串数字而已；而对有理智的人而言，应该是随时可以打发的仆人。因此，在青春年少的时候，金钱仅仅是身边可以流淌的东西，即使做不到"五花马，千金裘，呼儿将出换美酒"的豪爽，也应该少一些为风烛残年敛财的计划。我们的命运总是随波逐流的，谁都无法预言三年后自己的生存状态，因此为什么要在 30 岁时考虑 60 岁的事情呢？我们如果总是抱着"人无远虑，必有近忧"的态度去积累金钱，那么金钱就凌驾于我们之上，这样的"远虑"在我看来就是杞人忧天——过于谨慎和忧虑的金钱观足以令我们一生生活在挥之不去的恐惧之中，而这种恐惧的根源则在我们内心的心魔。

我们如何才能成为金钱的主人？佛经里把人类分成三种：第一种是盲人。这种人不知如何使自己拥有的财富增长，不知如何获得新的财富，他们也无法区分道德上的好坏；第二种是独眼人。他只有一只金钱眼，而无道德之慧眼。这种人只知道如何使自己拥有的财富增长和创造新财富，但不知道如何培养好的道德品质；第三种是双眼者。他既有金钱，又有道德之慧眼。他既能使他已有的财富增长，并获得新财富，又能培养良好的道德品质。做一个有德而富，富而有德的，有两只眼睛的人，如果不是我们已达成的现实，至少可作为一种追求的境界和目标。

第四，不要让金钱拖累后代。福特说，所谓美好人生，就是"俭朴的生活，健康的身体，勤奋的工作"。在万科论坛上，一位朋友说，"如果你有一张床，一口饭，就已经比世界上大多数人幸福"。幸福往往并不是我们拥有的时候所珍藏的，而是在失去之后才追悔莫及的那种东西，就像空气、水一样拥抱着我们的人生。因此，如果有一点点金钱，不要为儿孙考虑太多，儿孙自有儿孙福，金钱只会拖累而不会哺育后代，这就是所谓"寒门多俊彦，纨绔少伟男"的道理。

世上最不幸的人就是除了金钱一无所有的人。在今年中央电视台的一档

勿把信誉置于钱中，要把金钱置于信誉里。
——[美]霍姆斯

029

特别节目中,主持人让企业精英们、学界大腕们从零到九这十个数字中挑选出自己的幸运数。有人选8,说2003年中国经济增长率将是8%;有人选6,说明年他的个人财产就将超过6亿;有人选5,说是中国明年经济规模能排全球第5……我在昏昏欲睡中,听到一个人选择了0,他说希望精英的聚会不要忘记,世界上还有那些一无所有的弱势群体们。我在这刹那意识到我拥有的一切,包括金钱,是我在天堂中的另一天。您问我那时选择的是什么数?我沉默的内心选择的是1,就是希望天下一家,愿所有的人能有一口饭吃。

 与你共享

因为无论赚到多少钱,我们最终总要把它花出去,或捐出去,或留给下一代。因此,钱绝对不能成为衡量财富的唯一标准,要想让手中的钱真正地变得有价值,关键要看把它转换为哪一种能量。 (巩高峰)

作者简介 李凤圣 1963年生于山东。经济学硕士,曾师从著名经济学家吴敬琏。《求是》杂志总编室副主任、副编审,兼任中国区域经济学会副秘书长。主要著作有《产权通论》、《公平与效率——制度分析》、《证券大辞典》等。

和谐才是真正的财富

□ 李凤圣

财富,可以说是与人类产生一样久远的概念。财富观,是比经济学诞生更早的观念。在经济学产生以前,人们对财富的认识仅限于有形财产的认识。那时,人们所接受的大多是"人为财死,鸟为食亡"、"财迷心窍"这样的观念。所以当时人们所向往的是"财富浑浑如泉源,汸汸如河流,暴暴如丘山"(荀子),商贩们所希望的是"生意兴隆通四海,财源茂盛达三江"。所以节俭便是生财之道,如果"生之者甚少,而靡之者甚多",那么,"天下财产何得不厥"。这些认识显然都是"形而下"的价值观。

那什么是"形而上"的财富价值观呢?我认为,和谐才是财富之本质,和谐是财富观的核心。

和为贵,是中华民族处事(世)的基本原则,这不仅在孔夫子的"己所不欲,勿施与人"的最高理念中得到体现,而且也是老子心目中的理想社会。构建"大同世界",不仅早在 2500 年前先辈们已经企盼,而且也是近代康有为、梁启超改革变法的崇高理想。

从近代以来,多少志士仁人抱定齐家治国之志,从老祖宗那里寻求和谐之道,寻求变法之道,"穷则变,变则通,通则久",是他们发出的改革旧世体制的呐喊,但是他们没有找到什么是中国的"体",什么样的"用"能为我所用。今天,在市场经济这个"体"中,可以说终于找到了最终的归宿,于是一些人富了起来。千百年来统治中国的一统体制趋于瓦解。但是,一些人不懂得使用、获得财富也要和谐的理念,认为财富是自己挣来的,自己便可以任意支配,随心所欲。于是乎,一些人开始斗富,非要比试谁摔的茅台酒瓶多,谁烧的纸币多。现在又升级了,看看谁带的"小秘"多,谁的"二奶"多,谁的豪宅阔,谁的绿卡多,谁的儿子在国外念什么大学。有些人富甲天下,但对穷人却一毛不拔,对那些叫花子还要唾上一口。看见报纸登了"要饭者腰缠万贯"的豆腐块文章,有些富人便以为这样就可以为自己的"铁公鸡"行为找到理由了。对穷人缺少最起码的同情、怜悯(连怜悯这个人类特有的情感都被抛弃了),这样的财富观于是引来了许多人的"仇富"心态。

我在这里绝不是赞同一些人"仇富",也不是想抹杀产权明晰对于人类发展的意义。我倒是认为,产权明晰是人类文明的最基本成果之一,是保证人的基本权利与基本自由的前提,也是抗衡公权的基本保障。我也赞成近代的思想家霍布斯和洛克所说的,保护生命的、自由的和财产的权利是自然法则(本人就是研究产权问题的)。我只是想说,在产权明晰以后,还必须懂得什么是真正的财富。实际上,和谐的财富观,说的正是财富所有者应该知

金钱是最好的仆人也是最坏的主人

夸耀贫穷比夸耀富裕更卑鄙。
——[日]斋藤绿雨

道的事情,予人方便,予己方便。你为他人着想,正是为自己着想。

首先要想的是,在你的财富中,有没有原罪,有没有由于基本权利分配造成的空隙,使你得到了一笔外财?这个问题即使不谈,也应该知道财富的源泉在哪里。我想说的是,即使所有的财富都是由你的劳动和能力换来的,也应该知道财富与财富之间的和谐才是真正的财富。

早在 3800 年以前,古巴比伦国王汉谟拉比在人类第一部法典中,就在第 23 条规定,"一个人若遭到抢劫而又未能找到抢劫者,抢劫行为发生的所在城市,应当赔偿他所受到的损失。"它说明了要维护财富的完整性是需要规则的,而维护规则的运行是需要付出成本的。而抢劫的发生是与社会权利的分配与国家的治理结构联系在一起的。我们于是明白,你占有财富是幸运的,就大部分人占有的财富而言,也是由于个人通过劳动和合法经营得来的,但是,维系财富本身却是需要付出成本的。

著名经济学家巴塞尔提出这样一个观点:即使财富在名义上是你占有并使用的,换言之,产权是明晰的,但是,在产权界定明晰以外的区域,都存在一个"公共域"(public domain),而这个公共域正是需要界定产权的,这个产权的界定是需要付出代价的。也就是说,任何一个人占有财富的有效性,取决于本人为保护财富所付出的成本,又取决于他人企图分享这项权利所付出的成本;同时,还决定于第三方所做的保护产权所付出的成本。由于这些权力的保护是有成本的,因此,一个社会不存在绝对的权利。所以,和谐会减少对财富的保护成本,会降低对财富的摩擦,节省你的费用,使你占有财富的权利真正落到实处。所以,只有和谐才能使你的有形财富增值。

占有财富是你的权利,使用财富是你的自由,这是人类的自然法则。但是,联想到那些市场的劣败者、鳏寡孤独者,那些因为出生地的不同,而永远处在贫困线边缘的人们,你能不能想想这是什么原因造成的?

近代英国思想家霍布斯曾经认为,社会存在一个根本的自然权利和根本法则,这一权利就是"自由权,每一个人都有使用自己的权力,按照本人意愿,保卫自己本性的自由",如果违反这一点,他可以"寻求并利用战争的一切条件和助力"。这是早在 400 多年前的正义的呼声。诺贝尔经济学奖获得者阿马蒂亚·森穷其一生的研究也得出了这样一个结论:贫困是由于一个社会基本权利与基本自由分配不平等造成的。这一结论，无论是当代美国最著名的"左派"思想家罗尔斯还是与其齐名的自由主义思想家诺齐克都是承认的，这一认识已经成为公理。而这一观点，在我们这里成了乌托邦，要提出这样的观点，好像是痴人说梦。登峰何造极？正是从这一意义上说，富者与穷者的距离也没有想象的那么远，反差没有那么大。唯穷者与富者的和谐才能幸福，也才能真正实现社会各阶层的和谐共处，和谐发展。

从另一方面来说，自从现代经济学产生以来，人们对财富的认识就有客观与主观两种截然不同的观点。我是主张财富的客观性与主观性相结合的。如果一个人在个人享受上不知道知足常乐，那是不理性的。当然，一个葛朗台式的守财奴也是没人喜欢的，禁欲主义更是行不通的。

既然你明白了这样一个道理：财富既取决于客观上拥有多少财富，又取决于在主观上对财富的感受，那么，你就不必将财富看得比生命还重；不要以为有了钱就是万能的，有钱能使鬼推磨；不要穷得只剩了钱。因为，只有和谐才是真正的富有。

❋ 与你共享

一个人一生要挣多少钱才能幸福？其实，除了钱，世间还有许多事物堪称人生财富——时间、青春、事业、情感、健康、关怀、信任……它们不具备金钱的购买力，但更接近快乐和幸福。金钱的最大魅力不在于数字的多少，而在于它与这些人生财富之间的平衡与和谐。

(巩高峰)

财富，只有当它为人的幸福服务时，它才算做财富。
——[苏联]苏霍姆林斯基

作者简介　罗伯特·林格　美国畅销书作家、演说家。曾任著名杂志《纽约客》、《时尚先生》的编辑和自由撰稿人。著有《权力的 48 条法则》、《诱惑的艺术》、《战争的 33 条战略》等,其中《权力的 48 条法则》为全球畅销书,被美国《财富》杂志推荐为"75 本最使人睿智必读书"之一。

金钱是达到目的的一个方法

□ [美]罗伯特·林格

　　谁关心赚钱?很明显,人人都关心。最近展开了一项世界范围的民意测验,希望在世界上找到一个很贫穷但其人民又很幸福的国家。拿民意测验专家乔治·盖洛普的话来说:"我们并没有找到这样的一个地方。"他们当真发现的一个事实是,地球上差不多有一半的人都在为生存竞争。

　　但一切都是相对而言的。尽管你可能并没有处在要饿死的边缘上,但是,你有可能在为自己所设定的一个生存水平而斗争。收入可能是增长了,但是,花销也有可能跟着上升,结果是,很少有人能在经济上达到平和的心态。

　　还有一些人认为,赚钱并没有那么重要——生活当中还有很多东西比钱有更大的回报。从一个方面说,他们是正确的,但是,他们错过了整体当中的一个部分。我比大多数人更幸运一些,因为我以前也曾经历过那些事情。在什么地方?在各个层面:顶层、中层和比你能够想象到的更低的层面(如果你很幸运的话)。因为不止一次处于那样的境地,所以我处在可以做一个报告的地位上。你经常听到的谣传当中有很大一部分是真实的:金钱的确买不来幸福。

　　因为在金钱的两个极端上都有所体验,所以我必须承认,从中产生的最令人惊讶的发现是这么一个事实:生活当中很多最好的东西都是免费的。但是,这里面当然有一个窍门:金钱是达到目的的一个方法,是让你处在更好的地位的工具，能让你过上更值得体味的生活。

一个严峻的现实是：如果你经常处在财务方面的压力之下，那就很难欣赏到生活更美丽、更自由的一些东西。如果你需要经常考虑财务保障上面的事情，考虑没有支付的账单，也没有任何一种成就感，这些将让你永远得不到摆在那里的生活乐趣。在今天这样一个紧张的世界里，我觉得，一个普通人如果不取得某种程度的财务上的成功，要保持大量幸福感的想法就是不现实的。

我发现金钱能够买到的最重要的一个东西是自由。我不是说金钱能够买到全部的自由，我绝非这样一个不现实的人，因为，只要政府还存在，这样的事情就不可能存在。但尽管如此，你仍然可以用钱去获取比没有钱的时候更多的自由。仅仅心态上平衡只是自身的一种解放——哪怕精神上必须与财务上的麻烦作斗争，但心里却可以自由地考虑美妙的事情。

只有你自己才能决定，到底需要多少钱才能够得到你所希望得到的自由。因此，清除财务障碍的意思，就是在获取生活中想做什么就做什么所必需的财务支持当中，成功地进行有意识的努力。但它同样也意味着，这样的努力不应该使生活在努力的过程当中一团糟。它意味着让你得到自由，可以集中精力为自己考虑，得到根据自己的选择采取行动的自由，而不是按别人为你做的选择行动。对一个人来说，这可能意味着一年需5000美元，对另一个人来说，这可能意味着必须当百万富翁才行。需要多少钱才能"购买到"使你幸福的那种自由，完全取决于你本人。

从一开始你就必须小心谨防的一件事情，是你不能让自己摆好姿势去迎接幻灭感。如果你过去已经挣到很大一笔钱，那你已经明白钱并不能够买来幸福；如果你现在还没有挣到那么多钱，我希望为了你自己的缘故，在你达到目标之前，你要听听我的话。有些人经常犯这样的错误——他希望从别人那里拿到比他们能够拿出来的更多的东西。没有钱但梦想有朝一日飞黄腾达的人，经常会指望从财务成功当中得到它根本就不可能带来的东西。

我在爬坡的第一步便犯下了这样的错误。爬过的那个坡很陡，很滑，很累人，摆满了各种各样能够想象得到的障碍，但是，我最后还是到了那里。但等我到达那里之后，我发现那不是我想象当中的乐园，而是活生生

金钱是最好的仆人也是最坏的主人

在人群中，最富有的是节俭人，而最贫穷的是守财奴。

——[法]桑 弗

的一个现实的世界,但只是到了更高的一个财务水平罢了。我感到十分失望,想以别的方式加以弥补,但是,那只不过让事情更加糟糕。但那个时候,我并没有意识到自己其实是在追求幸福,而金钱只不过是追求幸福的一个工具而已。

我最后一次爬那个坡的时候,终于在脑袋里面想清楚了。我意识到,彩虹两端的盆子里并没有魔术里变出来的黄金,并不能够用什么办法转变成幸福,而是说里面装满了自由。我还认识到,时间是我的限制性因素,因此,仅仅朝那个方向努力,希望有一天能够有足够多的钱获得自己所追求的自由不再是一件好事。在爬那个坡的时候,我应该尽量多地获得幸福。那就是我的一个重大的转折点——我终于将爬那个坡本身的活动,从苦斗变成了欢乐。

如果你迷失了现实的情景,不知道金钱只代表达到目的的一个手段,只是为自己着想的手段,那么,你也许永远也不会得到欣赏生活的自由。这会变成一个恶性循环,你寻求越来越多的成功,但没有停下来想一想自己实际在追求什么。这就如同一种自我囚禁,你要防止自己去体会生活当中无限的欢乐和幸福。佛家有一个教训,就是讲这个道理的:无论我们追求什么,过度的欲望会使我们成为它的奴隶。人人都可以看到这些欲望在起作用——渴求食物,渴求名声,渴求成功。这一切都让我们失去了作出聪明选择的自由。

是的,赚钱的确很重要。但是,在我们开始解决金钱困惑的行动时,我希望已经为大家把一切描述得比较清楚了。金钱很重要,它之所以重要,是因为它能甩掉你生活当中的很多负担,而这样的负担有可能夺走你有限的时间和精力,因此它可以让你集中精力去欣赏生活的乐趣。

与你共享

生活中,我们要拥有一定量的金钱,但不能够停留于只是拥有金钱的状况之中,也要享受金钱所能够交换到的真实财富本身,否则我们就只是空洞地拥有金钱,成为地道的"守财奴"。把金钱投入到有价值的事物或行动中,我们才能享受和实现金钱的价值。

(巩高峰)

作者简介

流沙 原名陆勇强。当代作家。1997年开始文学创作,近百篇文章被《读者》、《青年文摘》、《知音》及海外媒体转摘。著有文集《羁绊我们脚步的是什么》、《感觉好才是真的好》等。

财富修养

□ 流 沙

悉尼奥运会上曾举办过一个以"世界传媒和奥运报道"为主题的新闻发布会,在座的有世界各地传媒大亨和名记数百人。

就在新闻发布会进行之中,人们发现坐在前排的美国传媒巨头 NBC 副总裁麦卡锡突然蹲下身子,钻到了桌子底下。大家目瞪口呆,不知道这位大亨为什么会在大庭广众之下做出如此有损形象的事情。

不一会儿,他从桌下钻出来,扬扬手中的雪茄说:"对不起,我的雪茄掉到桌子底下去了;我的母亲告诉过我应该爱惜自己的每一个美分。"麦卡锡拍拍衣服,极其平静地对大家说。

麦卡锡是一个亿万富翁,照他的身份,应该不理睬这根掉到地上的雪茄或是从烟盒里另取一只,但麦卡锡却给了我们第三种令人意料不到的答案。

无独有偶。香港首富李嘉诚外出,把一枚二分钱的硬币掉在了地上,硬币滚向阴沟。他蹲下身准备去捡。旁边一位印度籍的保安过来帮他捡起;然后交到他的手上。

李嘉诚把硬币放进口袋,然后从口袋中取出一百元作为酬谢,交给那位保安。

记者问起这件事,他的解释是,若我不去捡那枚硬币,它就会滚到阴沟里,在这个世界上消失。而我给保安一百元,他便可以用之消费。我觉得钱可以去用,但不能浪费。

> 如果贫穷生在有志气者的身上,等于是上帝给了他一项资本,因为有志气的人从来不会被穷困击倒。
> ——[德]布拉姆斯

037

他的解释与麦卡锡如出一辙。

我更愿意认为这是一种财富修养。这种修养正是他们创造巨大财富的源泉所在。而这也正是成功者与普通人的最大区别。

与你共享

很多人对于别人的节俭极为不屑，认为那是吝啬的表现，殊不知，对每一分钱的尊重其实都是一种财富的修养。金钱的真正意义是看它能否创造更多的财富，带来更多的价值。能否正确地把握金钱的命运，这正是是否具备财富修养的表现，也是成功者与普通人的真正区别。　　　　　（巩高峰）

作者简介

冯仑　1959年出生于陕西西安，现任万通地产董事长。曾获西北大学经济学学士、中央党校法学硕士、中国社科院法学博士学位。1984年至1991年曾在中央党校、中宣部、国家体改委、海南省改革发展研究所任职。1991年创建万通集团，1993年在北京组建万通地产，曾参与创建中国民生银行并出任该行的创业董事。主编过《中国国情报告》，出版有《野蛮生长》，个人电子杂志《风马牛》等。

金　　钱（节选）

□ 冯　仑

人心与钱心

钱是比较有意思的东西，钱是有腿的。全球的钱80%是在美国和欧洲之间跑。20%往新兴市场跑，这20%里的50%在中国。钱的腿为什么会有这样的跑法呢,为什么不都到中国来?所以中国地方搞招商引资,不知道钱的腿根据什么逻辑跑,往往劳而无功。

钱要跑有三条指南。第一,钱必须判断,我的永远是我的,才敢去。所以财产保障制度很重要。钱到哪都像狗似的,先闻,危险,扭头就走,钱放到萨达姆那儿,他倒台了,钱就不是你的了,你还敢去吗?"你可以不尊重我,但是必须对我口袋里的钱表示敬意",这是江湖上一个大哥说的话。是我的就是我的,我不是大哥,钱是大哥。

第二,钱要翻身,要创造,1块变2块,如果不是这样,那傻子才把钱投过去。钱会下崽,钱会升值,钱会创造钱,这样才能把"儿子"放出去,让他折腾。所以钱的创造能力和财富增值的能力是吸引钱去的重要因素。

第三,钱一定会判断,万一有风险的时候能跑,所以具有流动性,是保命的根本。万一风吹草动,一秒钟就能跑。这点考验的是钱的流动能力和瞬间转移能力。

有了这三条,全世界的钱都会跑来。钱真聪明。因为钱心跟着人心走,钱本身不说话,揣着钱的人在说话;钱没有判断力,但它后面的人是聪明的,而有钱的人物往往也是经过多少次博弈,他不一定最聪明,但在博弈的过程中有很多经验、体会、智慧的积累,使他变得非常敏感。所以想要运作资金,想要懂得如何让别人支持你,让钱到你的公司创造效益,你就得懂人心……

在中国做生意,无非是人情世故上把大家弄舒服了。我一般采取的是"631"的办法:"6"叫情势,是社会、法律强制要求我们遵守的;"3"是经济利益,算账;"1"是面子,是个妥协。比如,我收购别人,一定要变成别人收购我,明明是我很强大,但要说我很弱小,他显得牛了,钱一下就付了。一般我们都是留10%来处理面子问题,如果做交易我赚了钱,得在某种场合给对方一个好的说法,让他特别有面子。不这样的话,在生意场上你就会变成一个刻薄寡恩的家伙,按照鲁迅说的,面子是中国人的精神纲领。总是尊重别人,把人家放到台上,你在下面,"善处下者驭上",这样你在社会中就可以比较好地发展自己。

金钱和道德在中国也是件非常复杂的事情。中国现在没有一个家族超过100年还挣钱,制度建设时间太短。几十年有钱人变穷人了,过几十年穷人又变成暴发户了。大家都崇拜英雄,但是没人相信挣钱是个长久的事,所以在中国钱永远没有道德更有力量。钱的寿命几十年就完了,人的寿命可能七八十年,道德伦理几千年。不像欧洲,一个有钱的家族300年还在,经过300年,第一代干的坏事,第二代改点,第三代改点,最后都变成社会的道德楷模了。中国基本没到第二代就完了,第一代人从无到有在道德上都存在一些问题。所以在中国人的记忆中,有钱人在道德上永远都是有问题的。没有一个积累的制度,保证道德观上的改变,就积累不起来一个长期的、正面的看法,所以必须建立一个健康的法律环境,让中国有100年、200年的时间去赚些钱,最后建立法治社会,改变对钱的道德评判。

西方宗教观念中,钱不是你的,是你替上帝看管的。你是上帝的子民,替上帝管理钱,你是上帝的职业经理人,还有一个终极宿命,就是有钱人进天堂比骆驼穿过针眼还难,所以有钱人死之前都会把财产捐掉,宗教的观念促使西方人对待钱采取"市场加教堂"的方法,没有人太嫉妒,替上帝看管完反正要捐掉的。在中国,有钱人是无所畏惧的,穷人更是无所畏惧的,没有敬畏之心。没有敬畏的情况下,有钱人就不自律,抢钱的人也不自律,于是大家在钱的问题上没有任何恐惧,也没有崇高的感觉……

在现代社会要能很好地驾驭金钱是一个非常复杂的系统,牵扯到人生态度、宗教、法律、道德、伦理、文化、面子、信用等等,所以一个通过经营企业变得有钱的人实际要经历这么多的考验,最后才能成为大家能够接受的一个有钱人。

我见过索罗斯,他曾经有个哲学叫市场心。实际上就是人心,财的聚散是有个心的,心和人有关,全世界最聪明的人研究钱最终都是研究人心和制度,反过来才能驾驭金钱。

老钱、新钱及花钱的艺术

在中国钱的历史都很短,万通也就16年,最长的钱就是垄断的钱有30多年,其他都很短,大多数都是十几年,江南春虽然赚很多钱但也才4年,所以中国的钱大概都是一些新钱。新钱都是短钱,老钱都是长钱。在全世界来看老钱实际上是越来越多,新钱也层出不穷,但是每一个钱的游戏规则差距非常大。我们要跟不同的钱打交道，就得闻清楚各种钱的味道，才能知道怎么跟它打交道。

西方跟钱打交道打了 500 年，最早从葡萄牙、西班牙开始，到现在的市场经济，总结跟钱有关的事，无非三条：一是挣钱，二是看钱，三是花钱，挣钱是美国人最有本事，美国在 200 年前 GDP 很低，属贫困地区，当时中国 GDP 占全球三分之一差不多，现在轮到美国占三分之一。欧洲最早富起来，一代一代家族的传承，变成了看钱的机器，比如卢森堡、瑞士，替全世界看钱，看钱的技术发达到可以借此养活国家。奢侈消费、花钱都在亚洲。

花钱的艺术是这样——因为有些人在挣钱的时候有是非，花钱的时候有不安，花钱的时候也惹是非，所以人一生，特别是买卖人，挣钱面临了很多是非，当你挣到钱以后花钱就变成一个更难的事情。所以现在花钱的难度比挣钱还难。我们通常的人一生花多少钱？据测算，大概 360 万到 500 万之间，就是一生作为在公司上班一个白领，基本上也就够了——所谓花钱艺术不艺术的问题，更多地出现在中产阶级以上。

花钱的艺术根本上是要把三件事情协调好，这对现在所谓很多首富之类的人十分重要。第一件事，就是要找到花钱与幸福之间的平衡。前一阵国内有两个老板不约而同买了两个游艇，请我去参观；有两个朋友订了湾流飞机，这两年还到不了货……这种奢侈消费很多，层出不穷，但到底怎么样花钱才能找到更多的幸福感，却是一个大问题。

第二件事，就是要管理好欲望、解决好金钱跟欲望的平衡。一方面不断地加速你金钱的积累，快，让金钱像刘翔一样奔跑。同时让欲望像普通人一样散步。但如果倒过来，挣钱的速度像散步，欲望的增长在飞奔，你再怎么花钱都满足不了欲望，这种情况下你不管怎么花钱你都不快乐。

第三个花钱的艺术，就是必须在私利和公益之间找到平衡。美国有三大基金会——洛克菲勒、卡耐基和福特，奠定了美国社会富人的财富使用的一个方法。这是我觉得我们要特别关注的，中国社会目前出现的问题，很多人都质疑社会差异、财富两极分化，但怎么解决？我不赞成用剥夺富人的办法来解决，而希望像卡耐基讲的"财富的福音"，既能保持生产领域里的效力，又能解决社会当中的不和谐和社会差别造成的矛盾。现在巴菲特、盖茨沿着卡耐基等先辈指出的这条理性的道路在走，这是一条最有希望的道路。

贫而懒惰乃真穷，贱而无志乃真贱。
——[法]罗 丹

与你共享

世界上要赚钱的人很多,可是赚大钱的人并不多,因为大部分人并不了解金钱是怎么来的。大部分人总想从别人身上获取利益,总是过于在意手中已经握紧的金钱,然而,越是想获取、想抓牢,越是得不到、握不紧。其实只要愿意付出,懂得交换,金钱自然会来到身边。

(巩高峰)

青少年受益一生的 名人金钱哲学

作者简介 茅于轼 1929年生,江苏南京人。著名经济学家。著有《择优分配原理——经济学和它的数理基础》、《生活中的经济学:对美国市场的考察》、《谁妨碍了我们致富》等书。

从钱的奴隶变成钱的主人

□ 茅于轼

外面的人很难理解,为什么企业成功了就会有内部纠纷。一般人总以为企业最难是难在没有钱,现在企业既然已经成功,钱也有了,为什么反而走向没落呢?这里确实有一些共同的规律。简单来说,问题还是出在钱上。再深究一点,是由于对钱的看法出了问题,不是因为缺钱,而是钱所标志的功劳和贡献。

企业在最初阶段多半是几个志同道合的人,在极其困难的条件下,艰苦奋斗,不计报酬,充分发挥聪明才智,逐渐走向成功。此时,如何衡量每个领导人的贡献成了一个难题。每个人很自然会把自己的贡献看得大一些,同时把别人的错误看得大一些。事情往往发展到意气用事,不再是为了钱,而是为了气。闹到这个地步,企业必死无疑。

钱能够满足人的物质欲望,使人得到快乐,所以人们追求钱。但是为了挣钱而失去快乐,失去事业,就成为最愚蠢的事。他们在不知不觉中成了钱的奴隶,被钱所驱使,而不是主动让钱为自己服务。一个人在穷的时候,衣食无着,一切为了钱,为了让自己能够生存下来,成了钱的奴隶,虽然不幸,但是无可奈何,然而一个人有了足够的钱以后,仍然做钱的奴隶,这是非理智的行为。从穷人上升到中产阶级的每一个人,都应该有一个从钱的奴隶转变为钱的主人的过程。如果这个过程不能及时完成,必定带来烦恼。

从表面上看,自己当然是自己所有的钱的主人,自己有完全的权力来支配钱的用途。但是自己从穷变富以后,原来一切为了赚钱的习惯没有有意识地调整,继续一切为了赚钱的生活,造成扭曲的生活方式。一个人已经有了足够的完全满足生活需要的钱,更多的钱给他带来的额外满足变得越来越小。可是他为了这些微不足道的额外满足却支付了巨大的代价,结果使他陷入烦恼之中,也许在事业上,也许在家庭上,也许在个人和朋友的关系上。钱本来是给人增加幸福的,可是自己一旦变成了钱的奴隶,它使人痛苦。

从钱的奴隶转变为钱的主人是一个渐变的过程。其特点是把钱看得越来越轻。比如说,在做决策的时候看得远,想得宽,不仅仅从钱的本身考虑,懂得如何用钱做更有意义的事情,而且会避免为了钱做出幼稚的事情。他能够看到过去想不到的许多事,并能够从中得到快乐。这种行为说明此人已经从钱的奴隶转变成钱的主人,懂得如何用钱,让钱为自己服务,而不是自己被钱所控制。

企业是从成功走向更大的成功,还是从成功走向衰落,就看它的主要领导人有没有逐渐完成从钱的奴隶转变为钱的主人的过程。

❀ 与你共享

人生不能仅仅为了金钱而活着,若生命的字典中只剩下金钱,视野中只有短期的实际利益,那么,金钱便深深地奴役或异化了人的存在。对个人而言,如能智慧地对待金钱,只是将其作为一种生活的工具或手段,而不是作为生活的目的,那你便能看到更为长远的利益。

(巩高峰)

贫穷是一切罪恶的根源。
——[美]马克·吐温

财富既取决于客观上拥有多少财富,又取决于在主观上对财富的感受,那么,你就不必将财富看得比生命还重;不要以为有了钱就是万能的,有钱能使鬼推磨;不要穷得只剩了钱。因为,只有和谐才是真正的富有。

第 **2** 辑

给予的富有

    萧伯纳说："人生有两大悲剧，一是没有得到你心爱的东西，二是你得到了你心爱的东西。"人的可悲境遇往往是因为逃不过占有欲的围剿，所以才会有了占有欲未得到满足的痛苦和已得到满足的无聊。

    当比尔·盖茨成立了世界最大的慈善基金机构"比尔与梅琳达·盖茨基金会"，当巴菲特把绝大部分资产捐献给社会，当鲍尔森把 99% 的财富捐给一个环保基金，我们终于看到了什么是真正的富有——给予即是富有，不是因为富有而给予，而是因为给予而富有。

作者简介 王石 1951年生,广西柳州人。著名企业家,万科集团董事长。1998年12月入选中央电视台为纪念改革开放20年所拍摄的大型电视人物传记片《20年、20人》节目。52周岁时,以当时中国最高龄的纪录登上了珠穆朗玛峰。著有《道路与梦想》。

财富与人生

□ 王 石

很多人以为我是万科的老板,但我实际上是个职业经理人。我是富人不是富豪,其中一个原因是,名与利这两个东西,同鱼与熊掌不能兼得一样。

关 于 财 富

财富有其魅力,但绝不是每个人都贪图它。我身边就有这样的富人朋友,有几百万,捐出很多钱,委托信托公司做慈善事业,还完全没有人知道那笔钱是他出的。当然也有另外一种富人,胡润排行榜上没有他,福布斯排行榜上也没有他,可他确实比榜上的一些人更有钱。这类人里南方人居多,为人非常低调,穿着普通得不能再普通,他坐在你面前,别说你看不出他是亿万富豪,就是说句他有钱你都不相信。

这就是要钱不要名。像我这种喜欢名的,注定要舍弃巨额财富,要是想两者兼得,大概就是给自己找麻烦了。甘蔗没有两头甜。

这不是中国独有的现象,不只是因为中国的一些富豪可能有某些权力寻租的灰色历史,在国外也是这样。美国的一级富豪天天出镜?不可能。都老老实实地待在办公室里。

我没有关于财富的困惑,我对它的态度很明朗,但我有恐惧感。钱多不是好事,一些人因此家破人亡、孩子变成浪荡子,这个印象在我的头脑

青少年受益一生的 名人金钱哲学
青少年受益一生的励志书系

里太深刻了。在传统上,都讲中国人勤劳勇敢,而一旦五谷丰登,我们的先人常常要做什么?两件事,一是修祖坟、光宗耀祖,二是娶小老婆。中国传统社会不支持财富拥有者,没有什么富豪是有几代传承的,所谓第一代是暴发户,三代才成贵族,一般中国的财富传不到第三代。我专门查过家谱,从湖北祖籍查到山西,30多代,没出过一个富人。这个家族没有对待财富的经验。我就怕了。如果成了富豪,我会不会修祖坟娶小老婆?我怕自己把握不住自己。

以前我说过准备在2006年以前登遍世界七大洲最高峰,然后就结束登山去航海,现在,已于2003年提前完成登珠峰的任务,整个计划也可以提前了。做到2006年我就退休,就算不离开经济圈子,也注定我永远不会当富豪了。人生最重要的是活得精彩,不在于拥有多少钱。

我的个人消费不算多,也没那么多钱。别的富人,我见过的真正穷奢极欲的也少。奢侈与否,我觉得要看他是什么人。中国的富豪,照我看可以分成三种。一是投机者,通过股市、证券发了大财,这部分人现在表现潇洒的不多。股市发展这么多年,现在问题出来了,他们的财产大部分都缩水了,原来一些非常有钱的人,现在甚至变成了负资产;第二种是权力寻租者,他们潇洒,成天待在高尔夫球场;第三种是一步一个脚印的民营企业家,他们基本上经历了20年的发展,如今要么都在考虑做大,要么在考虑做全,资本都用在再生产上,现金没多少,而且也没有去奢侈的时间和习惯。

在钱的来路上我们注意自己的行为,万科会去搞好各方面的关系,但我有一个底线,不行贿。我形成这么一种对待财富的态度,有着很深的个人原因。我曾是彷徨少年,到处寻找人生意义。我看巴尔扎克、雨果、狄更斯的小说,对里面的暴发户的印象太深刻了,所以很久以前就在内心里厌恶那种人。现在的中国富豪里有一些真正喜欢作秀的,比如做慈善事业,没付出多少钱还弄得很光荣,捞形象分,其实还是暴发户的思维;还有些人表示清白,宣称自己不贷款,我告诉你,凡是这样的人其实都是贷不来的。中国企业有这么大的发展空间,哪个敢说自己不缺少发展资金?

对于财富背后的东西我是害怕的,自己又喜欢受人关注的生活,那就这么着吧。

> 真正的财富就是所有个人的发达的生产力。那时,财富的尺度绝不再是劳动的时间,而是可以自由支配的时间。
> ——[德]马克思

关 于 时 尚

多元的时尚在我以往的印象中，一定是和激情、新锐、年轻有关，这三者是不可分的，是青春的事情。

但我后来又发觉，时尚又是多姿多彩的，并不那么单一，不应从狭窄的文化层面理解时尚。时尚的前提是财富和成功；其次是修养，这和年龄有关系，需要一定的文化积淀；时尚又和休闲、消费有关系，而不单是年轻人的事。它是新潮的，与传统不一样，它反映人们的某种生活状态、品味，财富的聚积和追求。

财富拥有者的生活传统上会出现两种情况：一种是公司离开自己就玩不转，公司离不开自己；另一种现象是，不是公司离不开自己，而是他离不开公司，一旦离开就无所适从，充满失落。同时，把休闲消遣也变成了工作上的手段——美酒像服中药，打高尔夫是为了谈生意。这样的生活方式，在形体上的表现就是大屁股、大肚子，营养过剩，缺少运动。所以，就该对传统观念进行改变，把新的生活方式划入时尚，使生活更丰富、愉快、健康，而仅仅有物质是不够的。

许多人都知道我非常喜欢户外运动，像登山、滑翔之类，他们喜欢在网上问我，您是怎样做到分身有术的？您是在追求时尚吗？实际上这是一种生活方式的问题，如果有人说王石潇洒是因为他有时间，很多企业家不潇洒是因为他没有时间，我觉得这种说法好像有点儿似是而非，并没有说到点子上。我运动是因为我喜欢，我认为这是一种健康的生活方式。

不少人说"我不是不想去，我实在抽不出时间来"，实际上这是不可能的，有没有时间都是相对而言。你一定要等到有时间了才去锻炼，这本身就不对。工作本身就是生活的一部分，我去登山、去攀岩，这些活动也是生活的一部分。正因为有了这种生活，我才觉得工作是有意义的，才热爱工作。也正因为这些活动，使我身体很好，能够保持一种比较轻松的工作状态。这是一种互动的关系，而不是说因为你有时间了，才想起去锻炼。现在我们中国企业家的成功状态还处在一个高尔夫球、卡拉 OK 的阶段，做这些事就有时间，他会说因为那是应酬，但打高尔夫不也是运动吗？所以说没有时间是不成立的,关键在于你选择一种什么样的生活方式。

健康丰富人生

一个人创业、成功的目的是什么? 你不能为成功而成功,为创业而创业。尤其对一个成功的企业家来讲,一定要非常的明确,这种创业是为你创造了更多的生活空间,你可以去享受。这种生活态度我不仅对于自己,就是对于企业我也同样提倡。在万科,最简单的说法就是健康丰富人生,就是提倡大家不仅要努力工作,生活也要很丰富,要参加户外活动,要保持身体的健康。因为只有身体的健康,心理才能健康,如果身体不好了,心情自然不可能很好,这是一个很简单的管理企业的道理。

万科提出健康丰盛人生,什么叫做"健康丰盛",首先是,你一定要身体健康,身体健康你才可能丰盛,丰盛就包括你的工作,包括你的家庭,包括你业余的户外活动,这就是健康丰盛,我们不能说工作就是第一的,等你退休了才讲健康。所以为什么我们发现,要到城市老龄化后,比如东北的街上,你看到老年人扭秧歌,腰鼓队那么流行,这显然和生活状况有关系,好像他工作期间就是工作,工作完了,身体不好的时候才想到要去保养身体,去锻炼身体,我觉得这是非常非常滑稽的。

应该说在工作当中,年轻的时候介入到社会当中去,健康就是你工作的一部分,这方面我觉得我们应该学习西方,学习工业发达的国家。由于工作上的关系,我们经常出国考察,尤其到星期六、星期天,如果说你的考察还没中断的话,不想中断也得中断,因为星期六、星期天人家不接待你,人家要度假期,绝对不会因为说你是中国来的客人,我们的假期要陪着你,假期他要去休假,完了咱们星期一再见。实际上他们非常在乎业余生活,业余时间。

在中国恰好就倒过来了,工作时候就是工作,你就得加班,业余时间,牺牲休息时间是绝对应该的,而且,发展到什么程度呢,说坚守到岗位上,父母有病都不要回去看他们,即使孩子动手术都要坚守岗位,而且作为一种美德,作为一种公德,我们的媒体在宣传。

那么在万科呢,如果你是个对家庭都不爱的人,你说你爱企业,我是

财富就像海水:你喝得越多,你就越感到渴。

——[德]叔本华

青少年受益一生的 名人金钱哲学

表示怀疑的,所以,在万科绝对不提倡带病工作,有病一定要去看,有病一定要休息,甚至绝对不允许宣传,说你因为值班,家里有病人你不回去。

所以谈到健康丰盛,不仅仅是身体健康,更重要的是心理健康。

 与你共享

的确,致富是许多人的梦想,不同的是对财富的理解和态度决定了不一样的生命历程,有的人富得很快乐,有的人却富得很空虚。如何运用手中的财富其实是一种人生态度,就如同握紧拳头什么都没有,松开双手便拥有一切一样,财富的权杖真正把握在你自己的手中。 (邵孤城)

作者简介 潘石屹 1963年生,甘肃天水人。SOHO中国有限公司董事长。曾做过机关干部,后辞职南下。1993年成立北京万通实业股份有限公司,开发的万通新世界广场等项目,被誉为京城房地产发展史上的一个里程碑。曾出版随笔集《潘石屹的博客》《我用一生去寻找》等。

最有钱的人在比什么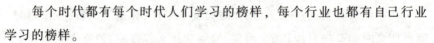

□ 潘石屹

每个时代都有每个时代人们学习的榜样,每个行业也都有自己行业学习的榜样。

那么,现在全世界的商人学习的榜样是谁呢?

是比尔·盖茨,是巴菲特,是前高盛的主席,现任美国财政部部长鲍尔森。他们的一言一行,他们对市场的判断,对未来发展趋势的判断,对整个社会,对无数的商人,甚至对在校的学生们都有着很大的影响。也正因为他们以前判断准确,所以大家对他们这批人产生了崇拜。而他们工作的成果更是影响到全世界许许多多人的工作、生活,甚至思维方式。当然,在福布斯排行榜中,他们经常被称为"全世界最有钱的人",甚至"全世界首富",这更让许多年轻人羡慕不已。

但现在比尔·盖茨和巴菲特把自己的绝大部分财富捐献给了社会,比尔·盖茨成立了"比尔与梅琳达·盖茨基金";巴菲特和比尔·盖茨一样,也做了同样的事情。每到年末年初,许多杂志都要评选"对世界最有影响力的事件",我认为比尔·盖茨和巴菲特所做的事情就是去年对全世界影响最大的事件,最起码在商界是最大的事件了。他们的行为让所有的商人们突然发现其实再也不用攀比谁拥有多少社会财富,谁对这些财富支配的权利更大,谁是全世界的首富了,重要的是把这些财富回馈给社会,回馈给那些迫切需要帮助的人。

前不久,在电视上看到一则消息,说现任美国财政部部长鲍尔森把自己家庭中 99% 的财富捐给了一个环保基金。当别人问他为什么不把这些财富留给自己的孩子时,他说:"我非常爱我自己的孩子,正因为我非常爱他们,所以不能把钱留给他们。"让孩子们自食其力,在劳动和创造的过程中获得充实和幸福才是真正的、长久的幸福。电视上还说,鲍尔森去云南时,住的是每天 20 元人民币的小旅馆,我想这可能是当年云南的香格里拉地区没有比较舒适的星级饭店吧。几年前,我们曾到过鲍尔森的办公室与他见面,我对他那非常小但又非常整洁的办公室印象非常深刻。回来之后,我本人直到今天仍以鲍尔森为榜样,我自己的办公室也一直很小。曾有许多朋友走进我的办公室,不解地问我的办公室为什么这么小,我总是回答说:够了。

比尔·盖茨、巴菲特、鲍尔森一直都是全世界商人们的榜样,他们三人的行动对全世界的商人也一定会起到一个很好的榜样作用。许多商人一定会把自己的财富、精力和时间更多地捐献到社会慈善和福利事业中去,在投入财富和时间的过程中,我想这些商人们同时也会得到更多的幸福和意想不到的回报。

> 贫穷本身不可怕,可怕的是自认为命定贫穷,或必须老死于贫穷的心念。
> ——[美]本杰明·富兰克林

与你共享

　　对于现代生活而言,财富就像粮食,是不可或缺的,但是财富的多少也如同人生路上的负重,多了也难以承受,难以轻松感悟生活的精彩。把富余的财富分发给那些尚在贫穷中挣扎的人,财富的数目是减少了,但财富的价值却大大增长了。　　　　　　　　　　　　　　　　(邵孤城)

作者简介

　　牛根生　1954年生,蒙牛乳业(集团)董事长兼总裁。自1999年创立蒙牛后,由他领导的企业团队在短短6年便使蒙牛从行业千名之外跃升为乳业第二名,成为家喻户晓的知名品牌。因此他被评为中国十大创业风云人物、中国经济最有价值企业领袖之一、2003年CCTV"中国经济年度人物"等。

如何让财富长出精神

□ 牛根生

　　什么叫"和谐"？"和"者,左边是"禾",右边是"口"。"禾"代表粮食,人人口中有饭吃,才是"和"。"谐"者,皆言也,左边是"言",右边是"皆",人人都能说话才是"谐"。

　　前者属于物质层面,后者属于精神层面,合起来就是:经济宽裕,政治民主。

　　反过来,没有饭吃,就会打仗,于是无"和"可言;不能说话,就会反抗,于是无"谐"可言。

　　国家为什么要倡导"和谐"？因为社会上出现了许许多多的不和谐因素。

一边有富豪一掷千金大摆"黄金宴",另一边却有民工讨要工钱上演集体自杀;一边的学校盖起高楼一座又一座,另一边的学校伤痕累累的土屋在风雨中飘摇;一边是奔驰、宝马、夜总会,另一边是牛耕、驴拉、贫民窟;一边有人贪赃枉法,雁过拔毛,另一边有人蒙冤受屈,状告无门……

这些不和谐的因素不消除,有钱人跳得太欢,也如同地雷上的舞蹈,柴草上的烛光晚餐,随时都有炸窝的危机。

回想 20 世纪 80 年代,由于"雷锋叔叔不见了",所以我们呼喊雷锋精神,90 年代见死不救太多了,所以我们一再呼唤见义勇为。

什么又叫"财富精神"?一个人挣了一千万元,却把钱用在个人的吃喝玩乐上,这叫做只有"财富"没有"精神"。李嘉诚是中国第一富人,为公益事业累计捐款多达 50 多亿港币,但他自己只戴 26 美元的一块手表,这叫做既有"财富"又有"精神"。

财富本身没有精神,财富只有到了有精神的人的手里,才会体现出"财富精神"。

中国企业家为财富的引领者,应该具备什么样的"财富精神"?企业家是经济领域的"战士",财富就是他们战斗的"武器"。

因此,中国企业家的财富精神应该分为三个境界:第一个境界,为企业而战,要做到"有福同享";第二个境界,为国家而战,要做到"忧国忧民";第三个境界,为人类而战,要做到"与天同乐"。先说第一个境界:有福同享。这个境界是一个最原始的境界,是一个企业家必须具备的最起码的财富精神。拥有这种精神,企业有可能做大;没有这种精神,企业多半做不大。"有福同享"的主要对象是和你一起打天下的企业员工。此外,还包括与企业命运息息相关的三种人:股东、消费者、合作伙伴。

佛经说,舍得舍得,有舍才有得。"财聚人散,财散人聚",却是我的经营哲学。世界上挣了钱的有两种人,一种是精明人,一种是聪明人。精明人只进不出,只聚不散,他挣 100 万,100%归自己,然后他的手下没有积极性,下一次挣回来的就只有 80 万;聪明人有进有出,有聚有散,他挣了 100 万,50%给手下人,结果,大家一努力,下一次挣回来的就不是 100 万,而是 1000 万!即使他这次把 70%分给大家,自己只拿 30%,也足有 300 万。再下一次,大家打下的江山可能就是一个亿。这就叫多赢,独赢使所有的人越

富裕与平静养育懦夫,艰苦则缔造刚毅。

——[法]纪 德

赢越少,多赢使所有的人越赢越多,这就是"精明人"和"聪明人"的差别,一字之差,谬以千里。

在蒙牛有人给我总结了"五个不如":住房没有副手的阔,轿车不如副手的贵,办公室不如副手的大,工资不如副手的高,股票(捐献了)不如副手的多。同时具备这"五个不如"的,全中国的老板大概也只有我一个(自封的与他封是不一样的)。

一个人要想生存得好,不见得只想着自己就能生活得好,现实往往是,越是站在别人的立场上想问题,越是给别人带来尊重和利益的,自己就活得越好。奋斗了这么多年,我个人领悟到了一个真谛:人与人最本质的关系就是"交换"。作为一个企业的经营管理者,如果他足够聪明,即便只是从扩大个人利益的角度出发,也得达到"财富精神"的第一个境界:"有福同享"。

再说中国企业家"财富精神"的第二个境界:"忧国忧民"。

有一个偏执的观点认为:"忧国忧民"是知识分子的专利,企业家只是利益集团的代表者,配不上"忧国忧民"。然而,企业是经济的主体,如果一个社会的市场主体居然都不配忧国忧民,那我们不知道社会进步的力量到底在哪里。是的,社会上的企业千千万万,作为企业的负责人,是有不少投机者,但全世界撑起民族脊梁的,最终靠的是企业。

国力的较量在于企业,企业的较量在于企业家。那么企业家的较量又在于什么呢?在于智慧,也在于精神。

最后说中国企业家"财富精神"的第三个境界:"与天同乐"。

这里的"天"就是全球,"与天同乐"的财富精神,就是追求超越国界的和谐,这是超和谐。

综上所述,我们讲了中国企业家财富精神的三个境界,一是"有福同享",为企业而战;二是"忧国忧民",为国家而战;三是"与天同乐",为人类而战,追求超和谐。

哲学上有两大基本思考,一是源头思考,一是终极思考。源头思考后我们会发现,人这一辈子,生是不能选择的,死却具有一定的可控性,因此,既然"哭着来",一定要"笑着去";终极思考后我们会发现,"把死想清楚了,你就会活得明白"。我是一个曾经做过跳楼准备的人,所以,我想清楚了：人留不下永久的财富，但可以留下永久的精神，这就是"如何让财富长出精神"的终极意义。

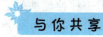 **与你共享**

金钱只是一种货币形式，它本身并无善恶之分，为富不仁者以它来作恶，慈悲为怀者以它来行善。"视金钱如粪土"大可不必，只要是合法获得的财富，又能合理地分配使用，没有贪婪之心，并且能以此造福社会，那财富就能长出精神。

（邵孤城）

作者简介

戴尔·卡耐基（1888~1955） 美国著名心理学家和人际关系学家，20世纪最伟大的成功学大师，美国现代成人教育之父。一生致力于人性问题的研究。著有《沟通的艺术》、《人性的弱点》、《人性的优点》、《美好人生》等，其著作被译成20余种文字，畅销世界各地，至今仍广受欢迎。

不能为金钱而活

□ ［美］戴尔·卡耐基

老约翰·洛克菲勒在他33岁那年赚到了他的第一个100万。到了43岁，他建立了一个世界上最庞大的垄断企业——美国标准石油公司。那么，53岁时他又成就了什么呢？

不幸的是，53岁时，他却成了忧虑的俘虏。充满忧虑及压力的生活早已摧毁了他的健康，他的传记作者温格勒说，他在53岁时，看起来就像个僵硬的木乃伊。

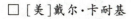君子安贫，达人知命。

——（唐）王 勃

洛克菲勒 53 岁时因为莫名的消化系统疾病,头发不断脱落,甚至连睫毛也无法幸免,最后只剩几根稀疏的眉毛。温格勒说:"他的情况极为恶劣,有一阵子他只得依赖酸奶为生。"医生们诊断他患了一种神经性脱毛症,后来,他不得不戴一顶扁帽。不久以后,他定做了一个 500 美金的假发,从此,一生都没有脱下来过。

洛克菲勒原本体魄强健,他是在农庄长大的,有宽阔的肩膀,迈着有力的步伐。可是,在多数人的巅峰岁月——53 岁时,他却肩膀下垂、步履蹒跚。

他是世界上最富有的人,却只能靠简单的饮食为生。他每周收入高达几万美金——可是他一个星期能吃得下的食物却要不了两美元。医生只允许他喝酸奶,吃几片苏打饼干。他的皮肤毫无血色,那只是包在骨头上的一层皮。他只能用钱买最好的医疗,使他不至于 53 岁就去世。

为什么?完全是因为忧虑、惊恐、压力及紧张。事实上,他已经把自己逼近坟墓的边缘。他永远无休止地、全身心地追求目标,据亲近他的人说,每次赚了大钱,他的庆祝方式也不过是把帽子丢到地板上,然后跳一阵土风舞。可是如果赔了钱,他会大病一场。一次,他运送一批价值 4 万美金的粮食取道太湖区水路,保险费需要 150 美元。他觉得太贵了,因此没有购买保险。可是,当晚伊利湖有飓风,洛克菲勒整夜担心货物受损,第二天一早,当他的合伙人跨进办公室时,发现洛克菲勒正来回踱步。

他叫道:"快去看看我们现在还来不来得及投保。"合伙人奔到城里找保险公司。可等他回到办公室时,发现洛克菲勒的心情更糟,因为他刚刚收到电报,货物已安全抵达,并未受损!于是,洛克菲勒更生气了,因为他们刚刚花了 150 美元投保。

事实上,是他自己把自己搞病了,他不得不回家,卧床休息。想想看,他的公司每年营业额达 50 万美元,他却为区区 150 美元把自己折腾得病倒在床上。他无暇游乐、休息,除了赚钱及教主日祈祷,他没有时间做其他任何事情。

他的合伙人贾德纳与其他人以 2000 美元合伙买了一艘游艇,洛克菲勒不但反对,而且拒绝坐游艇出游。

贾德纳发现洛克菲勒周末下午还在公司工作,就央求他说:"来嘛!约翰,我们一起出海,航行对你有益,忘掉你的生意吧!来点乐趣嘛!"洛克菲勒警告说:"乔治·贾德纳,你是我所见过的最奢侈的人,你损害了你在银行的信用,连我的信用也受到牵连,你这样做,会拖垮我的生意。我绝不会坐你的游艇,我甚至连看都不想看。"结果他在办公室里待了整个下午。

后来,医生告诉他一个惊人的事实,他或者选择财富与忧虑,或者他的生命。他们警告他:"再不退休,就死路一条。"他终于退休了,可惜退休前,忧虑、贪婪与恐惧已经摧毁了他的身体。

医生竭尽全力挽救洛克菲勒的生命, 他们要他遵守三项原则——这三项原则,终其一生,他都牢牢记住。这三项原则是:

(1)避免忧虑,绝不要在任何情况下为任何事烦恼。

(2)放轻松,多在户外从事温和的运动。

(3)注意饮食,每顿只吃七分饱。

洛克菲勒严格遵守这些原则,因此他捡回一条命。

他退休了,他开始学习打高尔夫球,从事园艺,与邻居聊天、玩牌,甚至唱歌。他开始想到别人。

这一生他终于不再只想着如何赚钱,而开始思考如何用钱去为人类造福。总而言之,洛克菲勒开始把他的亿万财富散播出去。

洛克菲勒基金会在人类历史上是史无前例的,也可以说是独一无二的。

今天, 你我都应该为盘尼西林和其他数十种使用他捐赠经费完成的发明而真诚地感谢他。以前儿童患脑膜炎的死亡率曾高达 4/5,现在我们子女的生命不再受脑膜炎的威胁,这也是洛克菲勒的功劳。

洛克菲勒开心了,他彻底改变了自己,使自己成为毫无忧虑的人。事实上,后来当他遭受事业重创时,他也不肯因此而牺牲一晚睡眠。

这个重创是他一手创办的标准石油公司被勒令罚款,这是美国当时最大的一笔罚款。美国政府裁定标准石油公司垄断,直接违反了美国反托拉斯法。诉讼持续了五年,全美最杰出的法律精英都加入了这场历史最冗长的法庭战争,但最后,标准石油公司败诉了。

当法官宣判时,辩方律师都担心洛克菲勒无法承受——他们显然并不了解他的改变。

当天晚上,一位律师打电话通知洛克菲勒,他尽可能平静地叙述这个判决,接着他说出了心中的顾虑:"我希望你不要因为这个判决而难过,洛

人不可以苟富贵,亦不可以徒贫贱。

——(北宋)苏 轼

克菲勒先生,希望你今晚能安心睡觉。"

洛克菲勒立即回答:"约翰森先生,不要担心,我决心好好睡一觉。你也不要放在心上,晚安!"

这几句话居然出自一位曾为150美元而失眠的人口中——洛克菲勒用了很长的时间才学会克服忧虑。

53岁时,他差点丧命,最后却能活到98岁。

与你共享

有人终生为了金钱而活,于是他们经常会想为什么我得到的这么少,他得到的比我多。他们每天生活在一堆数字之中,惧怕失去,患得患失。其实,生活中存在着给予的法则,给予得越多我们就会得到越多。不要让金钱成为心灵的囚牢,在给予和奉献中感受富有的快乐。　　　　　(邵孤城)

作者简介

杨东平　1949年生,著名教育学者。北京理工大学教授、中央电视台"实话实说"和凤凰卫视"世纪大讲堂"总策划。著有《通才教育论》、《城市季风》、《未来生存空间》、《最后的围墙》等。编有《教育:我们有话要说》、《大学精神》、《大学之道》等。

富贵与高贵

□ 杨东平

中国当前的富人几乎都是第一代,十几年的历史,没有什么基因或传承。在很长的时间内,人们对新富的认知,就是一个"暴发户"——暴食和豪赌、奢侈和炫耀。它酝酿了一种恶俗的文化:各种象征财富的"名头",如帝王、富豪、天皇、总统,等等,流行一时,连乡村小店都敢以曼哈顿、夏威夷命名。

在中国的词语中,"富"是和"贵"相连的,富而求贵,"贵族"这个久被遗弃的称谓也重获新生。作为一个历史概念,随着奴隶社会、封建社会的解体,享有政治、经济特权和世袭爵位的贵族早已退出舞台;但"贵族"这个语词却保留下来,且随俗出新,如工人贵族、学生贵族、单身贵族,等等。与"贵族"匹配的另一个流行语是"包装"。早期是一身名牌,满手戒指,手持"大哥大"满大街打电话;现在则是名车、豪宅、女秘书,不一而足。在中国这个缺乏贵族精神的社会,"贵族"借商业化的流行是发人深省的。

"贵族"的词义,正如"贵"的字义,有两个基本内涵,一为富贵,一为高贵。前者为物质文明,后者为精神文明;前者为先赋权力,后者为个人教养。富贵与高贵之间,虽然有"仓廪实而知礼仪"的通道,但又不是必然相通的。英国的一则谚语说,国王可以把平民封为贵族,但倘若他不改变言行举止,没有一个人能把卑贱的人变成绅士。事实上,富贵与高贵的分离是常见的。日常生活中那些富而无行的人,与"贵"字浑身不搭界(想想赖昌星和周正毅);那些贫而有德的人,则高高地超越了贱,人们谓之清高、孤高。前些年我国就专有一词为此类知识分子写照:精神贵族。当财富和地位失去之后,剩下的便是人自身的价值了。有的人一无所有,而真正的贵族则仍能保持高贵和尊严。俄国历史上著名的十二月党人的妻子不避艰险,跋涉万里,去西伯利亚与流放中的丈夫共命运,便是典型的一例;章治和《往事并不如烟》,向我们展示了中国"最后的贵族"的流风遗彩;康有为的次女康同璧,"文革"时已年届八十,仍以一种虔心、隐忍和审美的态度,在自己的四合院中勉力维持着自尊、精致的生活方式。当不再有黄油面包,每天的早餐用不同的腐乳抹馒头片,并不将就。而且,她敢于冒着巨大风险,接纳危难之中的各界人士,往来鸿儒。

这使我们领悟到,虽然当下流通的"贵族"词义,被商界定位于物质层面的富贵,但它实际是更偏于精神文化层面的,指向了超越性的对高贵的追求。富贵可以用钱购买,可以包装;高贵却无法购买,无法包装,是一种气质、仪态、谈吐、风度、知识、智慧和教养。而且,还不止于此。人们从文学

卑贱贫穷,非士之耻也。

——(西汉)刘 向

作品或电影中多少感知了在西方宫廷生活中养成的贵族风范。它意味着身世显赫,仪容华美,礼貌周全,优雅的态度和谈吐,热爱艺术,善于歌唱、弹琴或绘画(至少表面上是这样),击剑、游泳、骑马、打猎等体育运动样样在行,作战勇敢,有强烈的荣誉感和自尊心,尊重女性,爱护儿童,等等。一个衣衫不整、趣味低俗的人固然与高贵无缘,但是,一个气宇轩昂、潇洒浪漫的人遇事怯懦,或者出尔反尔,同样有失高贵。丹纳在《艺术哲学》中写到,"路易十三一朝,死于决斗的贵族有四千之多","卢森堡元帅说一声要开仗,凡尔赛宫立刻为之一空,所以香喷喷的风流人物投军入伍像赴舞会一样踊跃";国王在礼仪态度上亲自为侍臣立下榜样,"路易十四对女仆也脱帽为礼",所有的人都文笔优美……当时一个贴身女仆在这方面的知识比近代的学士院士还丰富。

作为一种人格理想,对"高贵的人"、"有教养的人"的追求,贯穿了文明史和文化史。古希腊的贵族教育——"博雅教育"所培养的"公正善良的人",必须具备 17 种美德,其中 5 种是智能方面的,即智慧、理智、常识、学识及某种创造力;其余 12 种是道德方面的:正义、节制、勇气、宽容、有抱负、稳重、自尊、诚实、灵活、大方、廉耻心以及和蔼可亲。作为西方人文教育核心的"七艺"课程,也是那时奠定的:一个有教养的高贵的人,应当博学多才,精通文法学、修辞学、逻辑学、算术、几何学、天文学和音乐 7 门课程。

近代以来,对高贵人格的塑造和追求,"贵族"的形象已被"绅士"的理想所取代,Gentleman 成为文艺复兴和工业革命之后,西方文化中的理想人格。17 世纪的英国思想家洛克提倡的"绅士教育",为绅士保留了温文尔雅的态度、礼貌、德行和知识修养。他认为品德是精神上的一种宝藏,而使之发出光彩的则是良好的礼仪,如宝石经过琢磨。他将理智、礼仪、智慧和勇敢作为绅士必备的美德;此外,还要求人们具有能够熟练地处理各种事务的实用的才干,以及强健的体魄。他为绅士教育设计了从"七艺"课程到神学、历史、地理、音乐、舞蹈、图画、骑马、击剑,以及外语、速记、园艺、木工、雕刻等无所不包的科目,最后是出国旅行。

在西方现代礼会,公民教育已取代了培养绅士的目标,但绅士作为一种"有教养的人"的理想依然根深蒂固。绅士资格在一定程度上还意味着"出身加良好的行为",例如在伊顿公学之类培养优秀人物的贵族学校。但出身毕竟已经不再那么重要,人们信奉只要有绅士行为的人就是绅士。经过漫长的演变,融合各种文化因素,沿袭至今的公认的绅士形象和品质包括:礼仪周全,行为举止优雅、洒脱、稳重;富于正义的责任感,行事公正;尊重和保护女性,主动为女性效劳;勇敢、坚忍、临危不惧、意志力强;自尊、诚实,重视荣誉和信用;以"体育精神"待人处事,遵守秩序和规则,公平竞争,胜不骄,败不馁;具有理性和自制力,谨慎,不失威严;慈爱、宽容和同情心,保护弱小者。

因而,欧洲的贵族教育,并非如我们所理解的养尊处优,睡"席梦思"床、全空调环境;恰恰相反,意味着严酷的训练,睡硬板床,参加艰苦的体力劳动,到非洲去当志愿者,从而体悟底层的艰辛,培养正义感、悲悯心和公益心。可见,西方上层社会高尚人格的养成,贯穿、融合了古希腊和基督教文化、宫廷礼仪、贵族生活、骑士道、体育、公立学校等多种因素。作为比较,中国儒家文化中的礼文化主要用于调整规范上下尊卑的伦理关系;"威武不能屈,富贵不能淫,贫贱不能移"之类君子人格的理想,主要附丽在士大夫文化而不是工商业文化上,在现实生活中不免显得孤单薄弱。由于20世纪的战乱和巨大变革造成的社会文化的断裂和突变,致使"贵族文化"或"上层文化"严重流失,无论北京的皇亲国戚、上海的老牌资本家,还是徽州、晋商的大户人家,这种家风或教养在整体上几乎都没有传递下来,至多有一些宅院和文物。这便是我们今天的处境:社会资源中精英文化和"高贵"的稀缺。因而,"富了之后怎么办"也就成为一个现实的问题。

可以看到的是,随着近年来新富阶层的逐渐扩大和文化程度的提高,他们的整体形象已大为改善,变得越来越内敛而不再嚣张,不再引人注目,并且越来越注重教育、品位、格调。这是一个合乎逻辑的过程。如果说,许多人艰苦创业、发家致富的历程造就了一种具有共性的企业家精神、工商业精神,那么,他们作为一个人的个性的表现,精神境界的高下之别,很大程度体现在对财富的态度上。西方的工商业界已经形成了回馈社会的文化,所谓"取之社会,回报社会",无论洛克菲勒还是比尔·盖茨,均将巨额财富捐赠、赞助教育、艺术、宗教、慈善等社会公益事业。在发达国家,不仅形成了捐赠的文化,还形成了通过减免税鼓励企业和个人捐赠的社会制度,从而造就了发达的社会中间组织和第三部门。

而富人在个性、品性上的文野之分,雅俗之别,则在很大程度上体现

有钱人随时有新朋友,贫穷人连仅有的朋友也保不住。

——《圣经》

在非工作的业余生活之中。它反映了一个人的教养、趣味、品位、精神生活的丰富程度。我非常钦佩那些富裕之后仍能追求实现青年理想的人，例如对艺术的追求，即便不再能创造，至少能够收藏和鉴赏。事实上，在国内的艺术品拍卖会上，中国买家已经成为当之无愧的主力，中国艺术品的拍卖价格已经超过国际市场，从而导致大量珍贵拍品的回流。如香港巨富张永珍女士以4150万元港币的天价拍得清雍正官窑粉彩宝瓶并无偿捐赠给上海博物馆，即是一个显例。然而，金钱消磨、改变人的能力也十分巨大。确有不少人在富裕之后，除了钱便一无所有，曾经有过的兴趣、爱好已经熄灭，在精神上荒凉而无所归依，成为亟待"扶贫"的对象。

作为一个工薪阶层、"升斗小民"，我们聊以自慰的是另一种生活哲学。如英国散文家蒙田所言："中产是一种最好的状态，既不为金钱所困，也不为金钱所累。"

与你共享

"富贵"与"高贵"只是一字之差，但两者却是天渊之别。富贵衡量的只是金钱，高贵承托的却是一种人生品位。你可以不是伟人，但心灵一定要与他等高，把自己的心灵放在一个确定的高度；在追求富贵的同时别忘了对高贵的坚持，这样才不会被物欲扰乱前进的脚步。

（邵孤城）

作者简介

　　肯尼斯·贝林　1928年生。世界轮椅基金会主席、著名慈善家、美国野生动物标本收藏家。曾被《福布斯》评为美国最有钱的400个富翁之一。小时候家境贫寒。高中毕业后,开始经商,27岁成为百万富翁。创建世界轮椅基金会,向美国和发展中国家捐赠轮椅,被称为让100万人"站"起来的富豪。

生活有目标比赚钱更重要

□ [美]肯尼斯·贝林

　　我出身贫寒,不过会很富有地死去。

　　我认为,送给陌生人一个微笑是亲切善良的表示,它给人以温暖和快乐。这是每个人都能做到的一种慈善关爱。

　　我最终在人生路上学到了一个简单的道理:找到生活的目标要高于赚钱本身。

　　60多年前的那一幕我历历在目,我们家满载着生活的压力,日子紧巴巴的。很小的时候我就变得独立了,6岁时开始打零工。从卖蚯蚓、送报纸、修草坪起步,高中毕业后销售二手车并开了自己的车行,后来又做房地产生意。我雄心勃勃。那时我什么也没有,渴望成就、渴望物质、渴望成功。到底是什么让我永不知足?因为我不喜欢做穷人。

　　我终于拥有了大笔财富。我的钱财比我小时候所梦想的还要多。我以前的梦想是收集世界顶级老爷车,收购一支全美橄榄球联盟的球队,拥有一艘私人游艇和一架DC-9私人飞机。但当我拥有了这一切后,无论我积累并经历了多少更多、更好、与众不同的东西,我的内心却空空荡荡。我过上了奢华无当的生活。

　　其实,我们的世界充斥着这样的男女,他们除了拼命地增加银行存款,没有真正的目标,没有更高的追求。一些人毕生都在追逐金钱,绝大多数时间却一无所获;另一些人挣的钱多得花不了,自己却活不过他们开的

　　富与贵,是人之所欲也,不以其道得之,不处也。贫与贱,是人之所恶也,不以其道得之,不去也。
　　　　　　　　　　　　　　　　——(春秋)孔　子

那些公司。这两种人都在朝着他们所认为的幸福不停地劳作，但是，他们都错了。

我知道他们都是怎么想怎么活的。我曾经很自私，以为物质可以给我快乐，自己所极度渴望的那种物质上的成功能带来满足感。对财富的需求曾让我无法看清我可能会失去的一切。在我忙于追求赚钱的每一刻，我无暇去关注那些我正在失去而唯有用心方可体会的东西。那时，我以为挣钱就是目标。但事实是，我把梯子靠错了墙，爬到顶了才发现错了。我不由自主地想，物质上获得成功后，我竟然不知道去何处寻找真正的幸福。

当我回首所有的辉煌，我终于意识到，找到生活的目标要高于赚钱本身。目标是这样一种东西——需要你付出心血、时间、爱心，还有金钱，为人类创造更美好的生活才能达到，不求任何回报。

那是 2000 年，当时，我把一个越南小姑娘从地上抱起来，放在轮椅上。那一刹那，她仿佛看到了希望。我看到她开始展望原本不敢奢望的未来，她绽开了笑容，眼睛就如同正午的天空一样明亮。我知道，为了那一刻她的所有改变，我改变了很多。生平第一次，我感受到了快乐。为了保持那种感受，我愿意尽我所能去做一切。这个小姑娘挖掘出我心地善良的天性，让我感受到被人需要的幸福。我终于体会到向目标迈进的旅程并不艰难。

我开始去全世界最贫困的地方，去帮助那些最需要帮助却无助的残疾人。对于千百万残疾人来说，轮椅可以让他活动、上学和工作。最重要的是，它是尊严。当一个人趴在地上时，他是没有尊严的，而当他坐上了轮椅，可以与别人一样高地交流时，他的生命里就有了希望。那一年，我捐资成立了世界轮椅基金会，其宗旨是为每一位需要轮椅的男女老幼赠送一部轮椅。

捐赠轮椅愈来愈是我一生最重要的事。

与你共享

佛经中把财富称为净财。所谓净财，就是清净的财富，它不但是维持生计的必要条件，同时还能有益于社会、造福于人类。在积累财富的过程中，我们也应当相信财富本身是干净的，用干净的手段赚取财富，用干净的方式支配财富，然后心安理得地使用和施予这些干净的财富。

（邵孤城）

作者简介

比尔·盖茨 1955年生，哈佛大学肄业。闻名全球的美国企业家、亿万富豪。微软公司的创始人，曾任微软公司主席兼首席软件架构师。13岁开始编程，不到20岁便写出BASIC语言；31岁便成为世界首富，连续12年居《福布斯》富豪排行榜榜首。2008年6月，他宣布退休，并把自己的580亿美元财产全部捐献给名下的基金会，专心从事慈善事业，从而实现了首富到首善的传奇人生。

财富的运用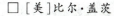

□ [美]比尔·盖茨

2007年4月21日上午,在博鳌亚洲论坛现场,《高端访问》专访了前来出席开幕式的全球首富——比尔·盖茨先生。这是比尔·盖茨在其第十次访华期间接受的唯一一次媒体专访。

在专访中,比尔·盖茨对中国网民的提问做出了回应。

水均益:您是世界首富,但是有趣的是,很多报道说,您过着一种简单的生活,汉堡包仍然是您的最爱。

比尔·盖茨:现在我在汉堡包里加芝士了。我现在买得起了。

水均益:记得上次我问您,您如何看待钱,上亿的财富。您告诉我,它们对您来说就是数字,就是一些数据。有很多问题都是问,您如何看待钱、财富。这对您来说是不是意味着一种力量,使您可以做得更多,为人类社会作贡献;或者从某种意义上来说,是一种负担。您是怎么看的?

比尔·盖茨:有了一些财富,是很令人欣慰的。像我的孩子们的教育问题,以及安排很好的假期,对其中的花费问题我从来不必去担心,这是一个很大的好处。但是实际上在世界上只有很少的一部分人没有这样的担心。它使我能专注于学习和工作。除此之外,我还将我的财富很好地运用到基金会上。基金会应该能够做出很多突破,那就是平等地对待所有生

贫穷会毁掉一切美德。

——[英]弗洛里奥

命,通过提供疫苗和药品,治疗那些在贫穷国家中出现的疾病,使它们可以消除数以百万计的死亡。这是我发现的独特的事情。但就冒险、聚集人才以及拥有远见而言,这跟开发软件又很相似。所以我召集了一些深信我们可以会对社会产生积极影响的人们。任何超过百万美元的财富都有回报社会的责任。

水均益:确实是这样。事实上,您将您的精力越来越多地投入到了慈善和公益事业上。您公开宣布说您将只留给您的孩子很小部分的财产,而把绝大多数的钱都捐给基金会,捐给慈善事业。我想问,是什么让您做出这样的一个转变?

比尔·盖茨:这其实不是一个转变,微软最初的口号就是让每张桌子和每个家庭都拥有电脑,不仅仅只是富有的家庭,富裕的国家。它赋予每个人力量,我们要做到这点还有很长的路要走。我们有跨越数字鸿沟这一想法——不管是老人、农民、穷人,还是残疾人,他们都应从软件中受益。当我看到盲人在使用互联网,使用我们的软件,改变了他们的生活,我就备受激励。当我去我们的社区学习中心,在中国也有为外来务工者而设立的社区中心,看到人们在那儿学习新技能、互相交流,看到信息技术如何回应着人们的基本需求,这一切让我很兴奋。所以微软一直都是这样做的。一个很大的改变就是,在明年年中,克瑞格·蒙迪等人会肩负起我的责任。我会全身心地投入到基金会中去,但仍然会从事微软工作,担任微软的董事长。但我的时间和精力会转移到基金会的工作当中。我们在一年半前就宣布了这件事。我不知道那感觉会是什么样,但是做出这个决定是为了确保基金会能够很好地运行,而且可以更多地利用我的时间。

水均益:在中国,我们有这样的哲学,"五十而知天命"。在这个时候,人们会转向哲学信仰或做法。我也注意到,特别是您的中国之行,您在不同的场合多次提到责任这个概念,社会责任或者企业责任,诸如此类。您能详细阐述一下吗?

比尔·盖茨:一个企业,当它把优秀的人聚集在一起时,它有助于产生一个目标。这个目标超越了利润的增长。对微软员工而言,它是关于软件的神奇的力量以及软件如何助力人们获得成功。通过社区中心或者教师培训这些项目的实施,我们使自己的员工充满精力,我们也希望吸引人们实现我们的这一目标。所以这不仅仅只是数字,我们都会从中获益。我们认为这是非常重要的。我们在每个国家和地区都有合作伙伴,我们坐下来和政府交流,了解他们的当务之急是什么,我们如何融入其中。在中国,这方面有着很好的布局,尤其是发改委和信息产业部,他们提出了他们希望实现的目标。有些是关于经济发展的,而有些是关于我们如何能够参与到教育和与社会有关的问题之中。那真是太奇妙了,我们非常高兴能够参与到这其中来。

与你共享

每个人都多少拥有一些财富,需要一定数量的钱,去满足生活的基本需求。而当手中的财富能满足这些基本需求而有盈余时,打开心胸,关怀他人无疑更能凸显财富的价值。尊重手中的财富,不要虚度、不要挥霍、不要死守,这样,我们最终拥有的一定比想象的更多。

(邵孤城)

资中筠　女,1930 年生。中国社会科学院美国研究所研究员,原《美国研究》主编。曾担任毛主席、周总理等国家领导人的翻译,参与尼克松、基辛格等访华的接待工作。主要学术著作有《战后美国外交史:从杜鲁门到里根》、《冷眼向洋:百年风云启示录》、《散财之道——美国现代公益基金会述评》,散文随笔集有《学海岸边》、《锦瑟无端》,译著有《公务员》、《浪荡王孙》等。

财富的最佳归宿

□ 资中筠

本人从来没有发过财,敛财和散财都离我很远。自幼所读所闻都是"富贵于我如浮云","君子固穷"之类,还有读书人耻言利,走极端的口不

一无所有的人被束缚在劳动的枷锁之下,有财产的人被困在操心的桎梏之中。
——[美]索姆奈

言钱,称之为"阿堵物"。及至后来受革命教育,最早听到的马克思语录是:金钱来到世上,每一个毛孔都渗透着血污。私有财产更被认为是"万恶之源"。我少时家境还可以,无冻馁和失学的威胁;自立之后又长年在大锅饭、短缺经济的环境中,大家都一样,有钱也买不着东西。我从未做过经济工作,学术研究也极少涉及经济学。所以"财富"二字从生活到学术都似与我无缘。印象深刻的还有老一辈人常说的一句话:"身外之物,生不带来,死不带去。"这句话所体现的人生哲学近乎安贫乐道,意思是对财富不必孜孜以求。后来,在我研究美国的发展道路时发现美国人的财富观也认为财富是生不带来死不带去的,但是其出发点和落脚点却非常不同。"生不带来",是指自己积累财富靠白手起家,不靠祖上家业,说明自己有本事,既聪明又勤奋,是事业成功的表现;"死不带去",就意味着有幸发财的人应该在生前对余财有一个最佳的处理,使它能最大限度地造福社会,甚至造福人类。与此有关的名言是:"拥巨资而死者,以耻辱终"("钢铁大王"安德鲁·卡耐基);"尽其所能获得,尽其所有给予"("石油大王"老约翰·洛克菲勒)。由此产生出规模巨大的私人公益事业,而其中最有效、最科学、影响最大的是现代公益基金会。

毋庸赘言,美国在 20 世纪国力突飞猛进,终于成为遥遥领先其他任何强国的唯一超级大国,同时也是资本主义最发达,市场竞争最激烈,社会贫富悬殊名列前茅的国家。没有一个国家一个世纪以来出现过这么多的百万、亿万富翁和"××大王"、"××巨鳄";也没有一个国家有这么多财富集中在私人手中,真是富可敌国!财富如此分配不均,如何避免社会动荡乃至许多欧洲国家发生的暴力革命呢?原因有很多,总的说来归功于渐进的改良,其中很重要的是极为发达的私人公益事业,它是在敛财和散财之间起着稳定社会作用的重要杠杆,可称作不平等社会中的社会平衡器。

每一个社会都有弱势群体,不论是先天还是后天。现代国家靠税收取之于民,然后再靠各种政策措施用之于民,这就是所谓"福利国家"。美国的私人公益事业是政府以外的取之于民用之于民的机制,特别是在 20 世纪上半叶,罗斯福"新政"之前,作用更大。举凡教育、医疗卫生、科研学术、贫民区的改造,乃至推动公民权利(例如对穷人的法律救助等)、种族平等,都是私人公益事业涉足的领域,并且作出举足轻重的贡献。特别是教育,更是重中之重。有一个数字可以说明问题:1913年,新成立不久的卡耐基基金会用于教育的拨款是560万美元,而当年美国联邦政府的教育预算是500万美元。著名的芝加哥大学是老洛克菲勒捐赠的,卡耐基-梅隆理工大学最初主要由卡耐基和梅隆两家先后出资。美国教师享有退休金始于"卡耐基教学促进基金"的捐助,早在全国设立退休金制度之前。"研究型大学"这一事物几乎全靠基金会扶植起来。某个大基金会的持续的兴趣和兴趣的转移可以影响一个学科或某所大学的某一科系的兴衰,并不是夸大其词。还有各种研究所、"思想库"更主要是靠基金会的捐赠。一些突破性的科研成果(特别是医学科学)在关键时刻都得到过基金会的资助,如小儿麻痹、黄热病、青霉素、钩虫病、梅毒、脑炎等的防治手段;水稻品种改良、绿色革命,以及物理、化学的前沿学科,等等。爱因斯坦等一批顶尖科学家在其研究工作的关键阶段,无不得力于基金会的资助。当前的热门题目:环境保护、可持续发展、计划生育、癌症、艾滋病、疟疾、肺结核的研究都是各大基金会的中心工作。这方面贡献最大的先驱是洛克菲勒基金会,随之有许多后起之秀如福特、盖茨基金会等。盖茨基金会为艾滋病已投入上百亿,喊出"要下一代活在没有艾滋病的世界"的口号。

这种公益事业及其关注的重点领域背后有一套哲学理念,最有代表性的是老卡耐基于1889年发表的《财富的福音》一文。他反复表达的思想概括起来就是:现有的贫富悬殊现象是社会进步的必然结果,也是必须付出的代价。当然不能听之任之,应该予以解决。解决之道既不能倒退,也不是把现有制度推翻重来。富人之所以成功,是由于智慧加勤奋。既然上帝给自己以机会,就对社会负有不可推卸的责任。他们应该带头树立一种简朴、不炫耀奢华的生活方式,然后把所有的余财视为社会的穷苦兄弟委托自己管理的信托基金,用于造福全社会。如何花钱以取得最大的社会效益与如何赚钱一样重要,一样需要高超的智慧和高效的机制,所以富人应该趁着生前发挥自己的优势、对财产作出安排。最好的途径就是设立一种科学的花钱制度,常年用于公众福利事业。与其等到死后捐遗产,不如生前就安排好。于是他身体力行,在生前不断进行大笔捐赠,最后在其企业如日中天时毅然全部卖掉,用属于自己的那部分股份设立了卡耐基基金会,延续至今。这篇文章被称为美国公益事业的经典,因为它实际上奠定了美

> 财富是人创造的,所以人富了之后难以摆脱人世的羁绊。
>
> ——[日]内村鉴三

国现代基金会的思想基础。与卡耐基差不多同时的洛克菲勒基金会的思路也大同小异。到 20 世纪末，如比尔·盖茨对公益事业的慷慨捐赠在思想理念上都与卡耐基一脉相承。据说盖茨就经常读《财富的福音》一文，且已声明，除了留给两个孩子各几百万遗产外，将在生前将几百亿家产全部捐赠出来（现在盖茨基金会已有 200 多亿资产）。

另外值得一提的是国人所熟悉的乔治·索罗斯。谁都知道他是以金融投机起家的，但他同时也是有自己理念的慈善家。20 世纪 70 年代起成立"开放社会"系列基金，以在全世界推动民主开放社会为目的，也包括改善美国民主。正是他痛批美国的"过度市场化"，认为是对民主腐蚀的主要因素，他大声疾呼让本不该属于市场的领域退出市场，主要是教育、法律、新闻和医疗，并以自己的财力致力于这一目标。

由一批有远见的大财主奠基的公益基金会发展到今天，已经有一整套现成的操作模式、成熟的管理机制和比较完善的法律法规。为公众所认可，也受公众的监督。美国各种名目的大小基金会至今有几万个，它已深入到美国人的日常生活。人们需要钱办事时想到向某个合适的基金会申请；有余钱不知如何处理时，各种形式的基金会就是最方便、最省心的途径。今天，美国等发达国家的基本社会保障和福利主要由政府负担，但私人公益事业仍起着无可替代的作用。很难想象，假设这些基金会突然消失，美国的教育以及种种文化生活会是个什么样；缺少了这一缓冲机制，美国的社会矛盾必然加剧。

最常遇到的问题是，为什么资本家这样慷慨，捐赠背后的动机是什么？资本家与慈善家这两种人格如何协调起来？那些大财团巨头在致富过程中巧取豪夺、残酷无情，而在捐赠中又如此热忱慷慨、急公好义，这实际上体现了一种双重人格，在某种意义上也是美国国民性的缩影。立体的人性比平面的漫画要复杂得多。"在商言商"，以追求最高利润为目标；但在其他领域还有其他的准则。如果一个人，或一个社会，在一切领域内都"唯利是图"，那人将不人，社会也终将崩溃。现在，不少人认为我国要现代化就应一切纳入市场，一切行为以利润最大化为目标，实在是一个误区。"尽其所能获得，尽其所有给予"，老洛克菲勒的名言高度概括了这种两重性。就人性的特点而言，这或多或少具有普遍意义。不过美国与中国相比，在观念上还是有明显的不同。

中国人重家庭,拼命赚钱是"为子孙做牛马"。美国人这一观念比较淡薄,多数家长认为过多的遗产会毁了后代,培养纨绔子弟。家长的义务是供给最好的教育,培养自立的才能;而为人子者也以靠自己奋斗为荣而轻视世袭。

中国人有困难主要依靠家族亲友的帮助,而美国人主要依靠社区,依靠各种自愿结合的民间组织,也就是社会的力量。

美国人还有根深蒂固的志愿精神,连同上述的社区观念与个人主义相辅相成。至今美国人大约平均每人每周有4小时的义务服务。这完全是自觉自愿的,是一种精神寄托,不需要外界的鼓励、动员之类。

另外,20世纪初在美国工业化突飞猛进中应运而生的大资本家都是其所在的社会制度受益者。他们热爱这个给他们带来如此成功的社会,同时又敏锐地意识到,如果要避免推翻整个制度的革命,就必须主动缓解社会矛盾。所以改善底层人群的处境,缓解社会矛盾,既为国家排难解忧,又巩固自己的地位,一举数得。这是一种目光远大、利人又利己的社会责任感。

另一个常见的问题是,根据"施恩图报"的常理,捐赠者对受帮助者会产生什么影响?这也是对现代公益事业性质的误解。基金会的社会性和现代性正在于它超越了个人的"善行"、"恩惠"的范畴。钱财一旦捐出,就脱离了捐赠者,属于社会所有。按照章程的规定,"科学"地花钱,求得最大的社会效益,这是基金会的本职工作,根本不存在"施恩"问题,接受者也没有"报答"的对象。例如,某人从事一项研究,申请到了福特基金会的资助,从而取得较好的成果。他绝对不必对福特家族或批准此项目的基金会负责人感恩戴德,也不会因此在购买汽车时优先考虑福特公司的产品。这一观念根本不存在。在基金会方面,多一份有效的捐赠,就多一份业绩。如果当年应花的钱花不出去,不但失职,而且违法。受益人如果对雪中送炭心存感激的话,正常的做法大半是在本职工作中加倍努力以回报社会,或者在自己有余钱时也做类似的公益捐赠。

我国一度所有福利保障由政府全包,事实已经证明行不通。我国当然也不乏慈善捐赠的传统,每遇灾荒,包括这次的"非典",总会有企业或个人慷慨解囊,时髦的说法叫"献爱心"。但是只在突发事件时"临阵磨枪"是远远不够的。社会有那么多日常问题需要关注,需要的是经常性的、使社

凡以富贵学问而骄人,皆自作孽耳。

——(明)庞尚鹏

会余财得以用于公益的机制,使有"爱心"者也知道何处去献。假设现在一掷千金挥霍掉的资金有一小部分雪中送炭,用于教育、卫生、扶贫等,那就很可观了;但是要建立这样的机制,却不是那么简单。美国基金会的经验对此可能会有借鉴的价值。

随着改革的深入,在我国,对公益事业的呼唤也变得日益迫切起来,"公民社会"、"志愿者"、"NGO"等观念也已开始提到日程上来。这样,"生不带来,死不带去"的财富就能找到最佳的归宿。

与你共享

有些人穷其一生追逐金钱,从来没有真正快乐过,因为他们从来无法体验财富的付出所带来的魅力。为财富找一个能实现感恩的归宿,也为自己的心灵找一个皈依,千万不要让它变为沉重的行囊——在费尽体力攀上那充满诱惑的山峰后才发现定错了目标,那是多么的遗憾!

(韩昌元)

作者简介 李嘉诚 全球华人首富。1928 年生于广东潮州,1939 年为躲避日本侵略者的压迫,全家逃难到香港。1950 年创办长江塑胶厂,1958 年开始投资地产市场。现任"长江实业集团有限公司"董事局主席兼总经理,及"和记黄埔有限公司"董事局主席。

奉献的艺术

□ (香港)李嘉诚

多谢大家常称赞我是一个成功的企业家,对于这些支持、鼓励,我的内心是感激的。很多传媒访问我时，都会问及如何可以做一个成功的商人，其实我很害怕被人这样定位。我首先是一个人，再而是一个商人。

每个人一生中都要扮演很多不同的角色；也许，最关键的成功方法就是寻找到导航人生的坐标。没有原则的人，会漂流不定，有正确的坐标，我们做什么角色都可以保持真我，挥洒自如，有不同程度的成就，活得更快乐更精彩。

不知道什么时候开始，"士农工商"社会等级的概念，深深扎根在中国人传统思想内。几千年来，从政治家到学者，在评价"商"时，几乎都异口同声带着贬义。

他们负面看待商人的经济推动力，在制度上，各种有欠公允的法令，历代层出不穷，把司马迁《货殖列传》所形容商人"各任其能，竭其力，以得所欲"、资源互通有无、理性客观的风险意识、资本运作技巧、生生不息的创意贡献等正面的评价，曲解为唯利是图的表征，贬为"无商不奸"，或是"熙熙攘攘，都是为利而来，为利而往"的唯利主义者。

当然，在商人的行列里，也有满脑袋只知道赚钱，不惜在道德上有所亏欠，干出恶劣行为的人。他们伤害到企业本身及整个行业的形象。也有一些企业钻营于道德标准和法律尺度中的灰色地带。

今天商业社会的进步，不仅要靠个人勇气、勤奋和坚持，更重要的是建立社群所需要的诚实、慷慨，从而创造出一个更公平、更公正的社会。

从小我就很喜欢听故事，从别人的生活，得到启发。当然，不单是名人或历史人物，四周的各人各事，都是如此。在商言商，有些时候，更会带来巨利的机会。

洛克菲勒与擦鞋童的故事，大家都听过：1929年，华尔街股灾前，一个擦鞋童也想给洛克菲勒炒卖股票的消息被洛克菲勒听到后，马上领悟到股票市场过热，是离场的时候了，他立刻将股票兑现，躲过股灾。

范蠡一句"飞鸟尽，良弓藏；狡兔死，走狗烹"，说尽了当时社会制度的缺憾，大家都忘不了他这句话。范蠡是《史记·货殖列传》中所记的第一人，他曾拜计然为师，研习治国方略，博学多才，是春秋时代著名的政治家。

他有谋略，有渊博及系统化的经济思维，他的经济智慧为他赢得巨大的财富。现代经济学很多供求机制的理论，我国历史早有记载。范蠡的"积

势利富贵，不可毫发根于心。
　　　　　　　　——（清）傅　山

著之理"研究商品供应过度或短缺的情况,说出物价涨跌的道理。怎样抓住时机,货物和现金流的周转,要如同流水那样生生不息。

范蠡的"计然之术",还试图从物质世界出发,探索经济活动水平起落波动的规律;其"待乏"原则则阐明了如何预计需求变化并做出反应。他主张平价出售粮食,并平抑调整其他物价,使关卡税收和市场供应都不缺乏,才是治国之道,更提出了国家积极调控经济的方略。

"旱时,要备船以待涝;涝时,要备车以待旱。"强调人们不仅要尊重客观规律,而且要运用和把握客观规律,应用在变化万千的经济现象之中。

我觉得范蠡一生可算无憾,有文种这样知心相重的朋友;有共度艰难,共度辰光的西施为伴侣;最重要的是,有智慧守候他的终生。

我相信他是快乐的,因为他清楚地知道在不同时候,自己要担当什么角色,而且都这样出色,这么诚恳有节。勾践败国,范蠡侍于身后,不被夫差力邀招揽所动。

范蠡助勾践复国后,又看透时局,离越赴齐,变名更姓为鸱夷子皮。他与儿子们耕作于海边,由于经营有方,没有多久,产业竟然达数十万钱。

齐国的人,见范蠡贤明,欲委以大任。范蠡却相信"久受尊名,终不是什么好事",他散其家财,分给亲友乡邻,然后怀带少数财物,离开齐到了陶,再次变易姓名,自称为陶朱公。

他继续从商,每日买贱卖贵,没过多久,又积聚资财巨万,成了富翁。范蠡老死于陶。一生三次迁徙,皆有英名。

书中没有记载范蠡终归是否无憾。我们的中国心有很多包袱,自我概念未能完善发展。范蠡没有日记,没有回忆录;只有他行动的记录,故无法分析他的心态。

他历尽艰辛协助勾践复国,又看透勾践不仁不义的性格;他建立制度,却又害怕制度;他雄才伟略,但又厌倦社会的争辩和无理;他成就伟大,却又深刻体会到世间最强最有杀伤力的情绪是嫉妒,范蠡为什么会有如此消极的抗拒(不参与本身就是一种抗拒)?

说完我国著名历史人物范蠡,我想谈一谈一个美国的伟人。

来自另一个世界的本杰明·富兰克林,他墓碑上只简单刻上"富兰克林,印刷工人"的字。他是个哲学家、政治家、外交家、作家、科学家、商家、发明家和音乐家,闻名于世,像他这样在各方面都展现卓越才能的人是少见的。

富兰克林,1706年生于波士顿,家境清贫,没有受过正规教育,他一直努力弥补这一遗憾,完全是靠自学获得了广泛的知识。他12岁当印刷学徒,1730年接办宾州公报;他著作的《可怜李察的日记》一纸风行,成为除《圣经》外最畅销的书;他为政府印刷纸币,实业上获得了很大成功。

富兰克林不单有超越年龄的智慧,更对别人关心,有健全的思维,他对公共事业的热心和能力,更赢得了当地居民的信任。富兰克林曾经立下志愿,凡是对公众有益的事情,不管多困难,他都要努力承担。自1748年始,他开展了不同的公共项目,包括建立图书馆、学校、医院等。

做好事、做好人是驱动富兰克林终生的核心思想,他极希望自己做的每一件事,均有益于社会,有用于社会,身体力行为后人谋取幸福。

他名成利就后,从未忘记帮助年轻人找到自己增值的方法,在《给一个年轻商人的忠告》的文章内,他的名句"Time is money,credit is money",将时间和诚信作为钱能生钱可量化的投资;在《财富之路》一文内,富兰克林清楚简单地说明,勤奋、小心、俭朴、稳健是致富之核心态度。

勤奋为他带来财富,俭朴让他保存产业。

富兰克林的十三个人生信条,他都写得简明扼要:"节制、缄默、秩序、决心、节俭、勤勉、真诚、正义、中庸、清洁、平静、贞节、谦逊。"这些都是年轻人的座右铭。

他更是一位杰出的政治家,在美国独立战争期间,曾出使法国,赢得法国对美国的同情与支持。独立后,制宪会议一开始,富兰克林更表现出一个政治家的博大胸怀。虽然他是众望所归,但他却提名华盛顿将军当总统。

富兰克林坚持留给制宪会议的绝非是名誉高位,而是胸襟、智慧和爱国精神。

1790年,这位为教育、科学和公务献出了自己一生的人,平静地与世长辞。他获得了很高的荣誉,美国人民称他为"伟大的公民",历代世人都给予他很高的评价。

人类历史的碑上永远会铭刻富兰克林的名字。

范蠡和富兰克林,两个不同的人,不同时代,不同文化背景,放在一起

财上分明大丈夫。

——(元)石君宝

说好像互不相干,然而,他们的故事是值得大家深思的。

范蠡改变自己迁就社会,而富兰克林推动社会的变迁。

他们在人生某个阶段都扮演过相同的角色,但他们设定人生的坐标完全不同。范蠡只想过他自己的日子,富兰克林利用他的智慧、能力和奉献精神建立未来的社会。

就如他们从商所得,虽然一样毫不吝啬地馈赠别人,但方法成果有天渊之别;范蠡赠给邻居,富兰克林用于建造社会能力(Capacity building),推动人们更有远见、能力、动力和冲劲。有能力的人可以为社会服务,有奉献心的人才可以带动社会进步。

今天的中国人是幸运的,我们经历中国历史前所未见的制度工程,努力建设持续开放及法治的社会,拥抱经济动力和健康自我概念的发展,尽管未尽完善,但不必像范蠡一样受制于当时社会价值观,只能以"无我"为外衣,追求"自我",今日我们可以像富兰克林建立自我,追求无我。

在今天,停滞的思维模式已变得不合时宜,这不是说要弃旧立新,采取二元对立、非黑即白的思维,而是要鼓励传统的更生力,使中国文化更适用于层次多元的世界。

在全球化的今天,我们要懂得比较历史,观察现在和梦想未来。从商的人,应更积极、更努力、更自律,建立公平公正、有道德感、自重和守法精神的社会,才可以为稳定、自由的原则赋予真正的意义。

虽然没有人要求我们,我们自己要愿意发挥我们的智慧和勇气,为自己、企业和社会创造财富和机会,大家可以各适其适。

最近我看到一段故事《三等车票》:在印度,一位善心的富孀,临终遗愿要将她的金钱留给同村的贫困小孩分批搭乘三等火车,让他们有机会见识自己的国家,增长知识之余,更可体会世界的转变和希望。

"栽种思想,成就行为;栽种行为,成就习惯;栽种习惯,成就性格;栽种性格,成就命运。"不知道这是谁说的话,但我觉得适用于个人和国家。

我最近常常对人说,我有了第三个儿子,朋友们听说后都一脸不好意思地恭喜我。我是很高兴,我不仅爱他,我的儿子也将爱他,我的孙儿也将爱他。我的基金会就是我第三个儿子。

过去六十多年的工作,沧海桑田,但我始终坚持最重要的核心价值:

公平、正直、真诚、同情心，凭仗努力和蒙上天的眷顾，循正途争取到一定的成就，我相信，我已创立的一定能继续发扬；我希望，财富的能力可有系统地发挥。

我们要同心协力，积极、真心、决心，在这个世上散播最好的种子，并肩建立一个较平等及富有同情心的社会，亦为经济、教育及医疗作出贡献；希望大家抱慷慨宽容的胸怀，打造奉献的文化，实现我们人生最有意义的目标，为我们心爱的民族和人类创造繁荣和幸福。

谢谢大家。

✿ 与你共享

《圣经》里说，财富是属于上帝的，人只是财富的受托人和管理者，那些心怀慈悲、情系社稷的人，他们的财富奉献给了社会，上帝也会给他们足够的能力和足够多的祝福。财富观决定了财富的数量与用途，纯洁财富品质，让财富能够为大众利益服务，这无疑是最完美的财富艺术。　　（韩昌元）

要注意小额费用。一艘大船的沉没，有时是微小的裂口所致。
——[美]本杰明·富兰克林

送给陌生人一个微笑是亲切善良的表示，它给人以温暖和快乐。这是每个人都能做到的一种慈善关爱。

　　我最终在人生路上学到了一个简单的道理：找到生活的目标要高于赚钱本身。

金钱与快乐有多远

爱情值多少钱？一位美国科学家说，稳定的爱情关系带来的幸福感一年约值 9.6 万美元——金钱能购买婚姻，却不能购买爱情；健康值多少钱？能告诉你这个问题的人已经离开人间和金钱无关了。

还有时间、青春、亲情、友情、感动、信任、爱好、关怀、成长、赏心悦目的感觉，这些都不具备现金和信用卡那样的购买能力，但更接近快乐和幸福。它们唯一欠缺的是不能像钱一样，明晃晃地向人炫耀，但花钱也不能把它们全部买到。

周国平　1945年生于上海。中国社会科学院哲学研究所研究员。著有学术专著《尼采：在世纪的转折点上》、《尼采与形而上学》，随感集《人与永恒》，诗集《忧伤的情欲》，散文集《守望的距离》，纪实作品《妞妞：一个父亲的札记》，自传《岁月与性情》等。其大量作品以哲理性思辨为主，是当代颇具影响力的学者、作家。

青少年受益一生的 名人金钱哲学

有关金钱与快乐的沉思

□ 周国平

检验人的素质的一个尺度

按照马斯洛的著名理论，人的需要从低到高呈金字塔结构，依次为生理需要、安全需要、社交需要、受尊敬的需要、自我实现的需要。其中，第一、二项是生物性需要，第三、四项是社会性需要，第五项是精神性需要。我们也可以更笼统地把人的需要分为物质需要和精神需要两项。

一般来说，如果较低的需要尚未得到满足，较高的需要就难以显现出来。一个还必须为生存挣扎的人，我们无权责备他没有崇高的精神追求。

可是，在较低的需要得到满足以后，较高的需要是否就一定显现出来呢？事实告诉我们未必。有一些人，他们所拥有的物质条件已经远远超过生存所需，达到了奢侈的水平，却依然沉醉在物质的享乐和追逐之中，没有显现出任何精神需要的迹象。

也许，对人的需要结构还可以作另一种描述。比如说，如果把每个人的潜在需要的总和看做一个常量，那么，其中物质与精神之间的比例便非常不同。物质需要所占比例越小，就越容易满足，精神需要也就越容易显现并成为主导的需要。相反，如果物质需要所占比例很大甚至覆盖全部，就难免欲壑难填永无满足之日了。

人的潜在需要结构的这种差异也就是人的素质的差异。姑且不论这种差异的成因，我们至少得到了一个尺度：在生存需要能够基本满足之后，是物质欲望仍占上风，继续膨胀，还是精神欲望开始上升，渐成主导，一个人的素质由此可以判定。

钱和生活质量

金钱是衡量生活质量的指标之一。一个起码的道理是，在这个货币社会里，没有钱就无法生存，钱太少就要为生存操心。贫穷肯定是不幸的，而金钱可以使人免于贫穷。

在一定限度内，钱的增多还可以提高生活质量，改善衣食住行及医疗、教育、文化、旅游等各方面的条件。但是，请注意，是在一定限度内。超出了这个限度，金钱对于生活质量的作用就呈递减的趋势。原因就在于，一个人的身体构造决定了他真正需要和能够享用的物质生活资料终归是有限的，多出来的部分只是奢华和摆设。我认为，基本上可以用小康的概念来标示上面所说的限度。从贫困到小康是物质生活的飞跃，从小康再往上，金钱带来的物质生活的满足就逐渐减弱了，直至趋于零。单就个人物质生活来说，一个亿万富翁与一个千万富翁之间不会有什么差别，钱超过了一定数量，便只成了抽象的数字。

至于在提供积极的享受方面，金钱的作用就更为有限了。人生最美好的享受都依赖于心灵能力，是钱买不来的。钱能买来名画，买不来欣赏；能买来色情服务，买不来爱情；能买来豪华旅游，买不来旅程中的精神收获。金钱最多只是我们获得幸福的条件之一，但永远不是充分条件，永远不能直接成为幸福。

奢华不但不能提高生活质量，往往还会降低生活质量，使人耽于物质享受，远离精神生活。只有在那些精神素质极好的人身上，才不会发生这种情况，而这又只因为他们其实并不在乎物质享受，始终把精神生活看得更重要。

贫穷和财富都同样可以促使工作者和他们的作品退步。
——[古希腊]柏拉图

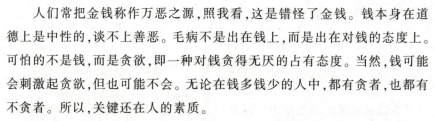

可怕的不是钱，是贪欲

人们常把金钱称作万恶之源，照我看，这是错怪了金钱。钱本身在道德上是中性的，谈不上善恶。毛病不是出在钱上，而是出在对钱的态度上。可怕的不是钱，而是贪欲，即一种对钱贪得无厌的占有态度。当然，钱可能会刺激起贪欲，但也可能不会。无论在钱多钱少的人中，都有贪者，也都有不贪者。所以，关键还在人的素质。

贪与不贪的界限在哪里？我这么看：一个人如果以金钱本身或者它带来的奢侈生活为人生主要目的，他就是一个被贪欲控制了的人；相反，不贪之人只把金钱当做保证基本生活质量的手段，或者，在这个要求满足以后，把金钱当做实现更高人生理想的手段。

贪欲首先是痛苦之源。正如爱比克泰特所说："导致痛苦的不是贫穷，而是贪欲。"苦乐取决于所求与所得的比例，与所得多少无关。以钱和奢侈为目的，钱多了终归可以更多，生活奢侈了终归可以更奢侈，争逐和烦恼永无宁日。

其次，贪欲不折不扣是万恶之源。在贪欲的驱使下，为官必贪，有权在手就拼命纳贿敛财，为商必奸，有利可图就不惜草菅人命。贪欲可以使人目中无法纪，心中无良知。今日社会上腐败滋生，不义横行，皆源于贪欲膨胀，当然也迫使人们叩问导致贪欲膨胀的体制之弊病。

贪欲使人堕落，不但表现在攫取金钱时的不仁不义，而且表现在攫得金钱后的纵欲无度。对金钱贪得无厌的人，除了少数守财奴，多是为了享乐，而他们对享乐的唯一理解是放纵肉欲。基本的肉欲是容易满足的，太多的金钱就用来在放纵上玩花样，找刺激，必然的结果是生活糜烂，禽兽不如。

哲学家与钱财

苏格拉底说：一无所需最像神。第欧根尼说：一无所需是神的特权，所需甚少是类神之人的特权。这可以说是哲学家的共同信念。多数哲学家安贫乐道,不追求也不积聚钱财。有一些哲学家出身富贵,为了精神的自由而主动放弃财产,比如古代的阿那克萨戈拉和现代的维特根斯坦。

哲学家之所以对钱财所需甚少,是因为他们认为,钱财所能带来的快乐是十分有限的。如同伊壁鸠鲁所说,更多的钱财不会使快乐超过有限的钱财已经达到的水平。他们之所以有此认识,又是因为他们品尝过了另一种快乐,心中有了一个比较。正是与精神的快乐相比较,物质所能带来的快乐显出了它的有限,而唯有精神的快乐才可能是无限的。因此,智者的共同特点是:一方面,因为看清了物质的快乐的有限,最少的物质就能使他们满足;另一方面,因为渴望无限的精神的快乐,再多的物质也不能使他们满足。

古罗马哲学家塞涅卡是另一种情况,身为宫廷重臣,他不但不拒绝,而且享尽荣华富贵。不过,在享受的同时,他内心十分清醒,用他的话来说便是:"我把命运女神赐予我的一切——金钱、官位、权势——都搁置在一个地方,我同它们保持很宽的距离,使她可以随时把它们取走,而不必从我身上强行剥走。"他说到做到,后来官场失意,权财尽失,乃至性命不保,始终泰然自若。

财富观的进步

财富是我们时代最响亮的一个词,上至政治领袖,下至平民百姓,包括知识分子,都在理直气壮地说这个词了。过去不是这样,传统的宗教、哲学和道德都是谴责财富的,一般俗人即使喜欢财富,也羞于声张。公开讴歌财富,是资本主义造就的新观念。

不过,我们应当仔细分辨,这一新的财富观究竟新在哪里。按照韦伯的解释,资本主义精神的特点就在于,一方面把获取财富作为人生的重要成就予以鼓励,另一方面又要求节制物质享受的欲望。这里的关键是把财富的获取和使用加以分离了,获取不再是为了自己使用,在获取时要敬业,在使用时则要节制。很显然,新就新在肯定了财富的获取,只要手段正当,发财是光荣的。在财富的使用上,则继承了历史上宗教、哲学、道德崇尚节俭的传统,不管多么富裕,奢侈和挥霍仍是可耻的。

> 巨大的财富,在最初积累的时候,往往是由一个很小的数量开始的。
> ——邓 拓

那么，怎样使用财富才是光荣的呢？既然不应该用于自己（包括子孙）消费，当然就只能是回报社会了，民间公益事业因之而发达。事实上，在西方尤其美国的富豪中，前半生聚财、后半生散财已成惯例。在获取财富时，一个个都是精明的资本家；在使用财富时，一个个仿佛又都成了宗教家、哲学家和道德家。当老卡耐基说出"拥巨资而死者以耻辱终"这句箴言时，你不能不承认他的确有一种哲人风范。

就中国目前的情况而言，发展民间公益事业的条件也许还不很成熟，但是，有一个问题是成功的企业家所共同面临的：钱多了以后怎么办？是仍以赚钱乃至奢侈的生活为唯一目标，还是使企业的长远目标、管理方式、投资方向等更多地体现崇高的精神追求和社会使命感？由此最能见出一个企业家素质的优劣。如果说能否赚钱主要靠头脑的聪明，那么，如何花钱主要靠灵魂的高贵。也许企业家没有不爱钱的，但是，一个好的企业家肯定还有远胜于钱的所爱，那就是有意义的人生和有理想的事业。

❋ 与你共享

在财富如涌泉的时代，每一个人都会被这种涌流搅动得心旌荡漾。然而，个人的财富相比于社会的财富，实在微不足道，世间仿佛总有赚不完的钱财，财富何为多？何为少？何以满足？何以快乐？其关键还在于看待财富的态度，平静、知足、感恩能助我们发现金钱中的快乐。　　（韩昌元）

作者简介

鲍尔吉·原野　1958年生于内蒙古呼和浩特,蒙古族。著名散文作家。主要作品有《善良是一棵矮树》、《跟穷人一起上路》、《青草课本》、《每天变傻一点点》、《警方,向猎枪出示红牌》等。曾获中国作协"骏马奖"、《人民文学》2000年优秀散文奖等诸多奖项。他与歌手腾格尔、画家朝戈被称为当今中国文艺界的"草原三剑客"。

财富离幸福仍然很远

□ 鲍尔吉·原野

1.赚钱以及把钱花出去所获得的,有时只是一种方便,而非幸福。

譬如买车与备手机,好处是代步与吸纳传播资讯,把一个人很快地从甲地运到乙地乃至庚地辛地,还能及时和很多人谈话并听取他们的意见。简言之,可以多办事,但不一定和幸福有关。坐车幸福吗?如果不论效率,与坐在家里沙发无甚差别。打手机更谈不上幸福,它不是抽大烟与吃饺子。虽然有人站在马路上欣欣然以手机通话,仿佛幸福。

有人不想多办事,也不想到哪里去以及跟别人谈话。这样会妨碍他们宁静(实际是幸福)的生活,如庄子与梭罗。汽车手机对他们属于累赘,不如书与琴棋有用。毛泽东做了许多事情,但必定不是拼命打手机以及开车游走所成。乾坤在手岂不比爱立信在手更好?就是羊毫在手糖块在手乃至小人书在手也比方向盘在手更愉快更安全。因为前者乃享受,后者是劳役或伪享受,与幸福无关。

有人说国外流行这样的口号:"少赚一点、少花一点、少病一点。"

2.人有时不知道自己到底要什么。

如果把一个人的消费愿望摊开,广告导引占三成,名牌之类。模仿他人占三成,譬如对中产阶级生活方式自觉不自觉地模仿。还有三成是实践童年以及青少年时期未遂之愿,在此,潜意识发生作用。人本能的满足只占一成,饮食男女而已。

于是,日日杯觥并不幸福,因为广告导引与追随潮流所满足的只是转瞬即逝的虚荣心,证明他已经成了某种人,譬如富人。证明完了也就完了,无它。而满足童年的愿望属于今天多吃几个包子填充去年某日的饥饿。满足的只是一种幻象。而本能的满足,只需一箪食、一瓢饮,一位贤惠的女人和一张竹榻。

但人们不甘心于简朴,虽然简朴离真理近而离虚荣远。人用力证明自己是重要的,于是以十分的努力去满足一分的愿望,然而这与幸福无关。

3.如果有钱并有闲,想从食色层面提升并扩展自己的幸福,需要文化的介入。或者说,文化限制着人的幸福。

尼采说:"我发现了一种幸福——歌剧!"对与古典音乐无缘的人,歌剧则不是幸福,你无法领受《图兰朵》之中"今夜无人入睡"带来的视听圣宴。明仁天皇迷恋海洋微生物,丘吉尔迷恋油画,爱因斯坦迷恋小提琴,是大幸福,也是文化上的幸福。他们也是有钱的人,倘无文化,也只能蹈入口腹餍(yàn)足之途,否则怎么办?

一些有钱人易烦恼,因为他们的消费与性格有关,与文化无关,与面子有关,与愉快无关,与时尚有关,与需要无关。

4.不久前,我假道太行山区远游,见到那里的农人希望到年底能添一头驴或牛,帮助运输或种地;到了县城,酒桌上争说当科长或两室一厅的住房。在北京,听朋友交流打高尔夫球的体会,上果岭与入洞,等等;而到了深圳,几位巨富比较各自的健康状况,甘油三脂,高密度脂蛋白胆固醇(HDL),后者在每分升血液中多一毫克,心肌梗死的发生率会下降3%。

我想到,太行山农人的甘油三脂和HDL一定最好,让深圳的富豪倾心。目前,在深圳这座人均年龄最年轻的城市,高血压、高血脂和高血糖的发病率居全国第一。

这样,又想起海因里希·伯尔那篇小说,一个渔夫在海边晒太阳,有游客劝他工作,等等。此文为人熟知,内容我不重复了。总之,人的努力常常会使目标回到原地,换句话说,人也许不知自己的幸福在哪里。

有时,人只为温饱而工作,却没有办法去为幸福而谋划。谋划的结果大多是财富或满足,离幸福仍然很远。

因为幸福太简单,简单到我们承担不了。

5.财富积累的速度如果和人的品位修养的速度不成正比的话,人就成了"享受盲"。

说实话,在静夜暗室,谁知道茅台醇厚何在,宋版书雅洁何在,更别说深窥"扬子江北水,蒙山顶上茶"这种精微的妙谛,包括体味不出某伟人说过的"长沙火宫殿的臭豆腐就是好吃"这样本真的滋味。没时间,没心情,也没鉴赏力。当今缺少像王世襄、金受申、老舍一班集雅玩、游戏与享受于一身的生活大师。他们才是生活的主人。

有些人的钱只有两样用途:吃饭与吃药。或者说盛年吃饭,暮年吃药。

财富来得太快了,使许多人准备不足。他们背着财富的重负,跋涉于前往幸福的道路上。

幸福离他们还很远。

6.为什么穷人离幸福很近?如同朴素离美很近那样,穷人的愿望低而单纯。人在风雪路上疾走,倘遇暖屋烤火,是一种幸福。把汗湿的鞋垫抽出来,手脚并感炉火的甜美,与封侯何异?这时,倘有一杯热茶与点心,更让人喜出望外。这样的例子太多,如避雨之乐,推重载之车上坡幸无顶风之乐,在街头捡一张旧报纸读到精妙故事之乐,在快餐店吃饭忽闻老板宣布啤酒免费之乐,走夜路无狼尾随之乐。穷人太容易快乐了,因为愿望低,"望外"之喜于是多多。有钱人所以享受不到这些货真价实的幸福,是因为此类幸福需要风雪,推车,捡报纸以及走夜路这些条件。

穷人的幸福差不多是以温饱为前提的,它在那时翩翩光临。满足了温饱,幸福却变得悭吝,它的价值升高了。

除非你有意过一种简单的生活。

7.贫穷离幸福很远,财富离幸福仍然很远。臻此,前者需要机遇及韧力,借之外境者多。后者则需要仰仗心灵的纯净和情操的醇厚,靠内力实现,没有其他道路。

与你共享

就像蜈蚣拥有很多脚却因步伐难以一致而互相羁绊、延缓速度一样,金钱有时反而会增大我们与幸福的距离。譬如一个富人明明有很多钱,却总贪

上智不贵难得之财。
——(东晋)葛 洪

婪地希望获得更多,不惜赔上健康、亲情,甚至自由。其实,生活很复杂也很简单,让欲望回归简单,我们会发现手中的金钱也会变得更有价值。 (韩昌元)

作者简介

理由 原名礼由,辽宁辽中人,满族。当代作家。长篇报告文学《扬眉剑出鞘》、《中年颂》、《希望在人间》、《倾斜的足球场》等获全国优秀报告文学奖,《扬眉剑出鞘》获首届"徐迟报告文学奖"。另著有短篇小说集《山丹花》、散文集《文学这个灰姑娘》等。

幸福是 0.25

□ 理 由

　　不论在中西方,有关金钱的格言或谚语都不胜枚举。那些话出于穷人、富人,受过不同教育的人之口,往往针尖对麦芒,但是却有一个共同特点,即妙语连珠。有一次我把摘自书上的近百条格言和谚语摊给一位朋友看,问他喜欢哪一条?注视良久,他指着其中一条,笑起来说:"这句话最适合我!"

　　金钱并非一切,只是常不够用。

　　许多人都知道金钱并非一切。金钱买不来友谊,买不来爱情,买不来正义,买不来世上许多美好的事物。然而,上面的话都显得有点笼统、空泛,解决不了生活中时常遇到的金钱问题。空话说多了,有人会怀疑你坐着说话不腰疼。

　　老外们的思维方式颇不一样。他们偏好较真儿,擅长于量化,喜欢方程、指数和图解,而不喜欢空泛笼统。他们会问,如果金钱并非一切,那么金钱在"一切"上占多大比重?如果金钱常不够用,究竟多少才算够用?在心理学与经济学的交叉中有一门"经济人理论"就专门研究这类问题。

"许多学者对金钱与幸福的关系进行了研究,他们无一例外地提出二者的相关性约为0.25。"

上面的话引自弗恩海姆与阿盖尔合著的《金钱心理学》。这是许多学者向许多国家的许多人,进行大规模抽样调查的结果。也就是说,金钱和幸福之间有一点儿关系,但关系并不大,用学者们的话说是"轻微的正相关"。

这轻微的关系又有讲究。假设人们对幸福的满意度为一条纵轴,而金钱收入为一条横轴,两轴相交的起点为零。当人的身上一个大子儿也没有的时候,幸福满意度确实很低,几近于零。一旦人们的手中有了钱,也不需很多,简单说来说是摆脱了食不果腹、衣不蔽体的困境,只见坐标上的那条曲线"嗖"地蹿了上去,很快又成为一条水平线,任凭横轴上的金钱收入增至百万、千万、亿万⋯⋯而纵轴上的幸福满意度不再上升,这是所谓金钱的边际效应递减。

初次看到这个结论着实令我吃惊。人文科学家与自然科学家的工作方式和成果有着很大差别,即前者从来都难以就同一科研课题得出相同的结论,就连相近的结论也难得一见。人文科学的实验条件存在许多变量,调查手法也不易规范,得出的结论往往七嘴八舌。但是,对金钱与幸福关系的研究,却英雄所见略同,并表达为清晰的数据。数据说明金钱对幸福的影响远非以前我所想象得那么严重。

细细品味,这个结论与我们的生活常识倒十分贴近。幸福不幸福本来就是一种主观性的感受,再加上人的个体也有差异。某有钱人不一定有一副好胃,山珍海味未必吃得够香;某没钱人不一定身子骨羸弱,五谷杂粮也能吃得津津有味。您能比较硬板床和"席梦思"的幸福指数吗?那得看谁睡在上边。即使住进帝王式的庄园,享受超豪华装修,睡在高科技大床上,如果患有失眠症,睁着眼睛等天亮,那滋味也不好受。

人文科学并不是提倡"安贫乐道",这句成语有个相对应的说辞,就是"满意的矛盾状态",那是人们无法掌握自身命运后的一种无奈。同时,科学和现状都证明幸福还有其他来源。人生在世,只要无衣食之忧,幸福的空间就广阔了,各有各的活法。有的人以工作为乐,有的人以天伦为乐,有的人以跳街舞扭秧歌看足球下象棋养宠物为乐。如果您信奉知足者常乐,那金钱的边际效应拿您一点儿没辙。吃饱饭拍拍肚皮,神游神侃神琢磨,古今中外寰宇任逍遥,那乐子就更多了!

金钱在幸福中所占比例之低,是命运给人一次接近平等的机会,人生的本义毕竟是幸福而不是金钱。能不能享受上苍的这番美意,取决于每个人的性格与修养。

与你共享

金钱不是万能的,这并非是倡导安贫乐道,而是要清楚金钱与幸福不是画绝对等号的,在追求金钱的同时,更应当学会享受幸福的滋味。就正如,硬板床和超豪华睡床的幸福指数是无法比较的,还要看床是怎么来的,要看睡眠的质量——靠打拼得来的才睡得安稳,才睡得香。

（韩昌元）

作者简介

俞敏洪　1962年生,江苏江阴人。新东方教育科技集团董事长,著名英语教学与管理专家,被誉为"留学之父"。毕业于北京大学。曾高考数次落第,第三次才考取北大,毕业后留校任教,后辞职创业。他是一位令人尊敬的教师、一个富有激情的演说家,更是一个大胆的创业者。作品有《永不言败》和个人演讲录《挺立在孤独、失败与屈辱的废墟上》等。

财富如何让快乐永恒

□ 俞敏洪

在加拿大的维多利亚岛上,有两个地方游客一般都会去参观,一个是世界著名的布查特花园,另一个是克雷格达罗克城堡。人们在参观完了这两个地方后,尤其知道了它们背后的故事后,都会发出很多感叹。

　　要去布查特花园很不方便,它位于维多利亚向北十几公里的山区。一走进花园,花的芬芳扑面而来,几百种花争妍斗奇。据说,它是世界上鲜花品种最多,每年游客最多的花园之一。

　　布查特花园原来只不过是一个水泥厂的废址。布查特夫妇在1904年建立了这个水泥厂。由于20世纪初北美工业建设的大规模发展,对水泥的需求量很大,布查特夫妇的水泥厂也就越开越大,因此财富的积累也越来越多。布查特夫妇除了对水泥感兴趣以外,对园艺也特别感兴趣,在自己家前后都种满了鲜花。后来,采石场用来烧水泥的石灰石被开采完毕,被开采过的荒山寸草不生,和周围郁郁葱葱的群山形成了强烈对比。面对荒芜的山梁和凹陷的废矿,他们总觉得留下了太多的遗憾,面对大自然身上留下的道道伤痕,他们总觉得内心有愧。难道就给子孙留下一笔金钱,留下一片荒废的回忆,就算是对得起这个世界了吗?布查特夫妇有一天终于下定决心,把开水泥厂挣的钱还给大自然。于是,一项新的工程开始了。水泥厂的工人变成了修建花园的园丁,他们用马车从很远的地方把肥沃的土运过来,铺在原本已经被挖得只剩下光秃秃石头的矿场中。他们走遍了世界的很多角落,几乎花光了自己所有的存款,只是为了寻找更多更美丽的鲜花,拿来种在他们的花园里。日复一日,凹陷的矿井变成了美丽的花园,他们给这个花园取了一个美丽的名字叫"The Sunken Garden"(幽深花园)。

　　他们的花园对所有的老百姓免费开放,让大家来感受鲜花的美丽以及比鲜花更美丽的心灵。人们被这个故事所感动,从世界各地蜂拥而至,这个花园已经变成了全世界人民的花园。

　　到今天,人们依然能够在高大的树木背后看见比树木还要高大得多的废弃的烟囱,但人们再也不觉得烟囱难看了,静静耸立的烟囱在给人们讲述着一个无比美丽的故事,变成了无数人思考人生和财富意义的所在地。

　　但是,维多利亚另外一个富人克雷格达罗克城堡的故事听起来就有点儿复杂和悲惨。克雷格达罗克城堡建成于1889年,是当时最富有的煤矿大王罗伯特·邓斯穆尔所建。罗伯特是一位来自苏格兰的移民,到达北美时几乎身无分文。他的故事是一个平民百姓一路奋斗到成功的故事。从

天生我材必有用,千金散尽还复来。
　　　　　　——(唐)李　白

第3辑

金钱与快乐有多远

091

苏格兰经过半年多的旅途劳顿到达维多利亚之后，他开始为一家煤矿公司打工，后来那家煤矿关了门。他凭着自己的吃苦精神和灵活头脑，从政府手里取得了一处煤矿的开采权，紧接着又获得了第二处煤矿的开采权。他有着坚忍不拔的精神，有着企业家的精明头脑，和政府打交道得心应手，最后自己也变成了加拿大 B·C（British Columbia）省政府立法院的一个成员。同时他和自己的合作者打交道也十分老练，不断地吸收拥有各种资源的人进入他的公司。短短 20 年，他就由一个穷光蛋变成了北美最富有的人之一。当然，在他财富的背后也有一些不光彩的故事，比如几百个煤矿工人都死在了他的矿井之中。不知道他有没有为这些人命内疚过，但在这些人命之上，他的财富越来越多却是大家都能看到的事实。他生了 8 个女儿和 2 个儿子，过着当时所有人都羡慕的富足生活。

如果故事到此为止，那他也会像无数富翁一样，慢慢和财富一起消失在历史的发展中，最终被人们永远遗忘。这个世界不会长久地记住有钱人，因为活着的更有钱的人会不断涌现，来代替那些已经死去的有钱人在人们心中的记忆。

罗伯特觉得有了钱总要花出去，于是他决定在维多利亚最美丽的地区，在一座小山的顶上造一座最壮观最美丽的城堡。城堡可以俯瞰整个维多利亚的美景，他可以和他的家人一起住在里面安享晚年。1887 年，城堡开始建造，北美最好的设计师和建筑家都被请到了维多利亚，最好的石材和木材源源不断地从北美和全世界各地运到工地，最好的家具从全世界订购，工匠们日夜奋战马不停蹄，一座壮观的城堡终于在 3 年后耸立在美丽的小山上，成了当时维多利亚最高的建筑。1889 年，正当举家准备搬到城堡去居住的时候，罗伯特·邓斯穆尔不幸去世了，留下他的妻子琼和一大堆儿女。他的妻子搬进了城堡，他的大儿子詹姆斯继承了他的产业，母子俩为了财产开始闹矛盾，最后还进了法院，以至于当母亲在 18 年后去世时，詹姆斯差一点儿没有来参加母亲的葬礼。母亲去世后，家庭就变得四分五裂，女儿们都嫁出去了，另一个儿子很年轻就去世了。整个城堡以及里面的家具都被拍卖了出去，二十几户人家同时住进了城堡的各个房间。他的儿子詹姆斯这时还算有钱，搬到了另一个地方去住，也生了 8 个女儿和 2 个儿子，但不幸的是 2 个儿子没有结婚就都死掉了，到此为止，一家人再也没有了血脉相续,终于沉没在了历史的烟云之中。

后来城堡又被一个叫卡梅伦的人买走,结果这个人最后也破产了,于是城堡被抵押给了加拿大蒙特利尔银行。后来加拿大政府又从银行手里买回来,用来做军队医院;接着又成了维多利亚学院的所在地和维多利亚音乐学院的所在地。1959年,有一个也叫詹姆斯的人意识到了该城堡的历史价值,成立了一个叫克雷格达罗克城堡历史博物馆学会的非营利性学会,开始保护和维修已经十分破旧并被严重破坏的城堡;1979年,该协会开始正式接管城堡。到今天为止,城堡还在不断维修之中。每年有大概15万人到城堡去参观,整个城堡就靠参观者的门票收入来维护。很多人在参观时,除了欣赏城堡的宏伟和内部装修的精美之外,面对罗伯特的家族史和城堡的历史,人们有一种几乎没法用语言来表达的复杂感情。和布查特夫妇相比,罗伯特有更多的钱,但留给人们的回忆却要黯淡许多,除了留下一座自己没能住得进去的城堡,人们能够想起来的就是有关他的有点儿悲惨凄凉的家族史。

在黄昏中的城堡既像一座纪念碑,又像是对活着的人们,特别是对富有的人们的一种警告:原来财富是如此的沉重。如果一直把财富扛在自己的肩上,会把几代人都彻底压垮,会把人们对财富的想象力彻底压垮,更会把人品人格彻底压垮。

两个故事,两种结局,带来了两种不同的意义。说到底,布查特夫妇做着自己认为应该做的事情;罗伯特也在做着自己认为应该做的事情。但后代人是挑剔的,历史是挑剔的。我相信,当布查特夫妇在花园里种着各种鲜花的时候,他们一定知道,他们的后人会像他们一样快乐,同时他们也能给世界上所有的人都带来快乐。而罗伯特打算建城堡时,只想到了他和家人那狭小的快乐,结果谁也没得到真正的快乐。

与你共享

常言道:"穷欢乐,富忧愁。"是否富裕真的与快乐无缘?其实不然,快乐与否关键在于如何看待和使用财富。财富永远只是手段,而不可能是终极的快乐所在,它的价值并不是自己完全占有,而是要懂得以此去尊重他人、关心他人,与人分享才能体会到财富人生的乐趣与意义。 (韩昌元)

财富掌握在意志薄弱、缺乏自制、缺乏理性的人手中,就可能会成为一种诱惑和一个陷阱。
——[英]塞缪尔·斯迈尔斯

作者简介 张汝伦 1953年生于上海。著名学者,上海复旦大学西方哲学教授。著有《意义的探究》、《海德格尔与现代哲学》、《中国现代思想研究》、《历史与实践》、《现代西方哲学十五讲》等及近百篇论文。

青少年受益一生的 名人金钱哲学

幸福与财富

□ 张汝伦

我有一大学同学,现已是一家荷兰银行的高层管理人员,但因为是学院出身,不能完全忘情于校园,因而也在荷兰一所大学兼些财政金融方面的课,讲课费对他来说是微不足道的。一次他在课堂上问一学生:"钱是什么?"该学生立刻回答:"钱是一切。"我那同窗又问:"钱能买到学位否?能买到知识否?"该生顿时语塞。其实,在一个物质主义(实际应该是"唯物主义",怕引起误解,故不用)成为人们普遍的世界观和价值观的时代,那位荷兰学生的回答并不令人感到奇怪。现在有很多应该感到奇怪的事早就没人感到奇怪了。比如,对一个伟大的艺术家,吸引我们的应该是她或他的艺术造诣,可我们的传媒感兴趣的却是她或他的身价,即出场费是多少,有多少钱。同样,对于一个在三大网球公开赛中夺冠的球星,人们首先关心的不是她或他的球技,而是她或他这次能拿多少奖金。这样一种本末倒置的关心使得人们越来越相信"有钱能使鬼推磨"的"真理",以为什么东西都是金钱刺激,一抓就灵。看看中国足球,就知道这个办法到底灵不灵了。可听说有人还想用巨款来培养学术大师或诺贝尔奖得主。若此传闻不虚,则要为我们这古老民族一哭。如果连人的能力、天分、意志、才情、境界、心胸与钱基本没有关系都不知道,还算是一个智慧的民族吗?如果钱能培养大师和诺贝尔奖得主,那恐怕除了少数赤贫国家外,哪个国家都有几个诺贝尔奖得主了。孔孟老庄,李白杜甫,莎士比亚和贝多芬,隔个几年就能出一个了。可惜不是这样，人们可以用巨额金钱去购买天才的遗作，但无法用金钱创造天才。

然而，正是上述这种物质主义的荒唐想法，使得人们对财富的理解越来越片面。《福布斯》或《财富》之类杂志的富人排行榜，更使人觉得财富就是金钱的代名词。然而，这却是对财富绝对片面的理解。金钱是财富的一种，但不是全部，而且是比较低级的一种。因为财富可分为有价和无价。金钱再多，还是有价。但这世界上毕竟还有不少无价之宝，比如健康，比如生命。没有哪个人会不知道这些远比金钱重要，是钱所无能为力的东西。虽说这个世界上有不少人在做着用健康和生命换钱的蠢事。

什么是财富？财富就是一个人拥有，并能使之幸福的东西。按这个定义来看，健康当然应该算是财富。身心愉快也应该算是财富。家庭和睦、事业有成，乃至一个人的天赋和特殊才能，都可以算是财富。而且都是无价的财富。除此之外，通常人们都会承认有精神财富，虽然很多人实际上并不把精神财富当做财富。但是，精神财富却是最持久、最可靠、也最有生产力的财富。第二次世界大战结束时，德国是一片废墟，一贫如洗；但她并未陷入万劫不复的境地。相反，仅仅20年的工夫，她又成为世界上一个繁荣富强的国家，甚至比战胜国英、法发展得更快。在德国奇迹中，她的精神财富，即她的文化传统、民族精神、国民素质、教育水准、经济和社会管理思想，等等，都起了重大甚至关键的作用。我国古人也懂这个道理。《国语》中讲过这样一件事：周景王想铸一套编钟，遭到反对。他去问司乐大夫伶州鸠，后者告诉他："圣人保乐而爱财，财以备物，乐以殖财……用物过度妨于财，正害财匮妨于乐。"意思是说，乐关风土人情，有助于财富增值，适当花费一点财物铸钟是必要的，但耗费过多则适得其反。很显然，对于伶州鸠来说，乐是比一般的财更重要的精神财富，它关系到物质财富的增加。

对于一个国家、一个民族或一个社会，精神财富一般指历史文化、国民素质、教育水平、文明程度和民族精神，等等。而对于个人来说，精神财富则是他的人生境界、天赋才能、思维能力、意志品行、人格修养，以及心理素质，等等。不怨天，不尤人，通达洒脱，乐观开朗，明智仁爱，等等，在这个锱铢(zī zhū)必较的时代那是难得的精神财富。它们可以使人生变得快

自愿的贫困胜于不定的浮华；穷奢极欲的人要是贪得无厌，比最贫困而知足的人更不幸。
——[英]莎士比亚

乐而有意义。一般而言,精神财富是无法剥夺的财富,除非财富的拥有者自己要将它抛弃。这是精神财富和物质财富明显不同的地方。人们常说,钱是身外之物;但精神财富不是这样,它们往往与人的生命相始终,是生命的一部分。

尽管如此,物质财富和精神财富有一点是相同的,就是与生命本身相比,它们都是手段,而不是目的。对于人生来说,最终的目的只有一个,就是幸福。什么是幸福,从古至今,这就是一个看似容易,实际很难回答的问题。有些人可能认为,这个问题一点也不复杂,有钱有势就幸福,因为可以为所欲为。这就是说,在这些人看来,能为所欲为就幸福。可是在生活中,我们很容易发现,有权的人不一定幸福,有钱也买不来幸福。有人活得很长,但一点也不幸福。幸福并不与财富的增加成正比。龙应台一次看到上海街头下棋打扑克的老人兴高采烈的样子后很感慨地对我说,德国的老人虽然有很好的社会福利保障,不少人有房有车,但他们的幸福程度或幸福感不一定比上海的老人高。幸福的确不在于外在物质的占有,而在于一种心态。中国人以前常说的知足者常乐,其实也间接说明了这个道理。这当然不是说物质财富对于幸福生活不重要,而是说它只是幸福的必要条件,而不是它的充分条件。

但精神财富就不一样,它不但是幸福的必要条件,而且也是它的充分条件。我们不能设想一个心胸狭隘,见不得别人比他强的人是幸福的;我们也不能设想一个家庭分裂,妻离子散的人是幸福的。一个没有自己事业,靠继承大笔遗产过着醉生梦死生活的人,充其量只是行尸走肉,谁也不会将幸福与他联系在一起。而一个傻瓜就算腰缠万贯,又怎么能算是幸福?至于毫无仁爱之心,对世界对别人充满仇恨的人,当然更不会幸福。那么,什么人算是幸福的?鼓盆而歌的庄子是幸福的,因为他懂得人贵适志;不为五斗米折腰的陶渊明是幸福的,因为他"坦万虑以存诚,憩逍遥情于八遐";"聊乘化以归尽,乐乎天命复奚疑"、"天子呼来不上船"的李白是幸福的,因为他不愿"摧眉折腰事权贵,使我不得开心颜";"先天下之忧而忧,后天下之乐而乐"的范仲淹是幸福的,因为他"不以物喜,不以己悲";"纵一苇之所如,凌万顷之茫然"的苏东坡是幸福的,因为在他眼里,"唯江上之清风,与山间之明月,耳得之为声,目遇之而成色,取之无禁,用之不竭,是造物者之无尽藏也,而吾与子之所共适";当代大哲维特根斯坦,晚年身患喉癌,弥留之际,还让身边守候的人告诉世人:"我度过了多么美好的一生。"在一般人看来,上述往圣先贤的一生都算不上幸福。他们不是不够显达,就是默默无闻;不是屡经坎坷,就是身罹恶疾。然而,他们却享有一般人难得的幸福,更享有一般人难得的财富——不朽。

何为财富?金钱、房产、股票、珠宝收藏,一句话,拥有的物质财产!当然,但这只是财富之一种。相对于精神财富来说,它比较不重要。单单它不能使人幸福,单单它也不能使一个国家幸福。物质财富也不一定能转化为精神财富。一个愚蠢的百万富翁不可能成为一个天才。相反,精神财富却可以产生物质财富。民间所谓家有良田万顷,不如薄技在身,说的就是这个道理。因此,精神财富(天分、才能、聪慧、通达,等等)丰富的人一般不会一贫如洗。真到那一步,也能"回也不改其乐"。还是要比拼命挣钱,甚至拿命换钱的人要幸福得多。

总之,财富是使我们幸福的手段,是幸福的必要条件,也是幸福的充分条件,但它本身不是目的。无论是物质财富还是精神财富,都只是手段而不是目的,它们都不能和幸福画等号。但是,比起物质财富,精神财富更为幸福所必需。当然,对于那些财迷心窍的人,他们永远也不会知道什么是幸福。而对于将幸福作为自己人生的终极目的的人来说,至少应该像追求物质财富一样去追求精神财富,尽管后者可能更不容易获得。否则,就永远不可能幸福。

但什么是幸福?自古以来,这就是一个看似容易,实际艰难的问题。人们可能对它永远也不会有一致的答案;但有一点是可以肯定的,就是它是人最难拥有,也最希望拥有的财富。世上任何财富都是手段,唯独这种财富,是我们生命的目的。

与你共享

这个世上,除了物质财富,还有精神财富。与物质财富不同的是,精神财富不会随时间的推移而贬值或遗失,它是你心中最珍贵的感悟,在失意时给予我们抚慰,在受挫时给我们信心,在我们老去时可以回味,那是世间唯一一种不会消逝、无法夺去的最最真实的财富。

(韩昌元)

贫穷绝不是有魅力或可汲取教训的事。对我来说,贫穷只教会我过高地评价有钱人或上流社会的优雅。
——[美]卓别林

作者简介

刘心武 1942年生于四川成都。当代作家。1977年以短篇小说《班主任》成名,该作被视为"伤痕文学"的代表作。长篇小说《钟鼓楼》获第二届茅盾文学奖。2005年出版《刘心武揭秘〈红楼梦〉》,引发国内新一轮《红楼梦》热潮。其散文《错过》被选入苏教版语文教材。

青少年受益一生的 名人金钱哲学

富心有术

□ 刘心武

民富方能国富,身富方能心富。

社会主义商品经济的蓬勃发展,富了各省,从而富了中国,富了老百姓,从而富了国家。人富了,获得一种成就感,身价提升;倘是"为富不仁",违反社会"游戏规则"所致富,"偷来的锣儿敲不得",那心里的成就感就不稳定,身价也可疑;但即使是在宪法和法律的范围内操练,身富了,有时心里却还难免空落落的,因为当面人家可能都奉承着你,背地后把你的身富而心空当做笑话在茶余饭后一侃,风吹回来钻进你的耳朵眼儿,终究还是不好受。

身穷心富的例子,自古有之。孔夫子就赞扬过他的爱徒颜回,在"一箪食,一瓢饮"的条件下保持着精神富有的快乐。作为单个人的一种价值取向,这本是无所谓的事。在经济最发达的国家,也有那亿万富翁偏过一种物质上最朴拙的生活。但问题是这不能成为一条道德标准,尤其不能成为一条全社会必须遵从的道德规范。就全社会而言,我们还是应当把身富心亦富视为一种最正常的生存状态。

对于社会上大多数人而言,是不可能"皆成尧舜"的,"衣食足而知荣辱"也是古训,"人穷志短"这句话也不是污蔑劳动人民的"谰言",除非你在中间非加上个"必"字。对于社会上大多数人而言,身富方能心富,算不上个规律也总是个多见的现象吧!

但身富和心富却又有个互相制约的关系，心富的人会问：人需财几何？多多益善吗？怎么个多多益善？是不是该让自己成为一个装满了"发财发财发财"的瓶子，里头什么别的都装不下了？记得俄罗斯文豪列夫·托尔斯泰写过一篇小说，叫《人需地几何》，讲一个人去买地，那卖地的人说，你只管在田野上跑，从太阳升起到太阳落山，不管你跑多大一个圈儿，只要你在太阳收敛最后一缕余光时跑回出发点，那些地就属于你了。结果那买地的人太阳一升就开始狂跑，因为他心里头只装着"多点多点多点"的念头，所以总不愿拐弯和回转，到他终于不得不跑回原处时，在离终点只有几码的地方，那生命的瓶子便爆裂了。我记得托尔斯泰在这篇小说的末尾写了这么一句，算是回答了题中提出的问题："从头到脚，只需四尺。"那自然是按土葬的墓穴算，我们现代人实行火葬，所以现在来答还要再打折扣。

世界上身大富而心亦富的人，一般总把所赚的钱，大部分用于再投资而不是个人的奢侈性消费。现在且不去说他们，我们一般人的所谓富，只是追求个小康，追到头，无非是希望自己拥有一套或一栋住起来宽敞舒适的房子，或者还有一部私人小轿车，并且自己在工作期间和退休之后，都能负担起房子、车子和别的方面较为像样的消费，如此而已。在这样的人生追求之中，身富与心富应同步进行。

心如何富？我以为最重要的一条就是要读书，读正经书，读传知识的书，读美文。别看如今这世界视听文化如此之发达或者说嚣张，微电子技术无孔不入，计算机已经进入了家庭，但传统意义上的用纸印刷装订而成的书，至少在我们生命的存在之年里，绝对仍是最重要的文化载体，或曰知识载体，或曰富心的工具。

家里有书架吗？书架和书架上的书是"富有"的最古典也最新潮的典型标志。建议你读中外古今的文学名著，如今读巴尔扎克的《欧也妮·葛朗台》、狄更斯的《艰难时世》、托马斯·哈代的《卡斯特桥市长》那样的书，应当感受更深，因为你会从中铭心刻骨地意识到，商品经济不可逃避，然而人性善美的光辉应超越商品经济而世代相传！

 与你共享

人生在世，不一定能变得富有，但我们可以因付出的善念而使心中富

自古圣贤尽贫贱，何况我辈孤且直。

——(南朝)鲍 照

有。心念一转,世界可能从此不同,我们大可不必时刻执著、计较于金钱的得失,只要心中有爱,懂得分享,懂得关怀,懂得珍惜,心灵也能富裕。忙碌的生活中不妨问问自己,我们的心富有吗? (刘英俊)

作者简介 乔治·吉辛(1857~1903) 英国小说家、散文家。维多利亚时代后期最出色的现实主义小说家之一。一生发表过 23 部长篇小说,主要有《新格拉布街》和《在流亡中诞生》。另有游记作品《爱奥尼亚海岸游记》,文学评论《狄更斯的研究》等。

钱 与 快 乐

□ [英]乔治·吉辛 郑翼棠 译

　　能够毫无顾虑地花费不多的钱,满足自己某种要求享受的强烈欲望,这是一件愉快的事情;但有能力将钱赠给别人,则乐趣更大。我对自己舒适的新生活,感到极大欢悦,但这种欢悦还不及济人之急所得的欢悦。一个手边永远拮据的人,只能养活自己。口中谈论"乐善好施"固然很好,实际上,在物质条件艰难时,并没有能力与希望去做这类事。

　　今天我寄给 S 一张 50 英镑的支票,它会像是从天上掉下来的恩惠,肯定会使施者与受者同样感到幸福。可怜的 50 英镑。有钱人可以为了无聊与低级怪想轻掷百金,然而对于 S 君,它却意味着生命与光明。我居然有此力量来干这种好事,真是一件新鲜事。签支票时我的手腕颤抖,我是多么高兴与骄傲啊!在过去的日子里,我有时也送钱给别人,但那时是另一种颤抖,因为我本人因此很可能不得不在黑暗有雾的清晨,为了自己的生活急需沿街求乞。这是贫穷的可悲灾祸之一，它使人无权慷慨为善。

由于富裕——对我是富裕，虽然在平常兴旺者的眼光中，这是不足道的——我可以极为快乐地自由给予。我感到自己是一个人，而不是卑躬屈膝、准备随时承受环境鞭挞的奴隶。我知道，有些人不恰当地感谢神明，特别易于在财富问题上感恩戴德。但是，欲望甚小，而又略有盈余，岂不更好！

与你共享

生活贫穷而又能自强不息自然让人赞叹，但如果拥有金钱而又常怀感恩之心，用自身的财富帮助他人回报社会更是难能可贵。金钱与快乐并不冲突，很多时候人们对金钱的向往和使用，也是一种对幸福的追求，能把钱用在帮助别人之上，人生能拥有更多的快乐。

（刘英俊）

作者简介 　韩小蕙　女，北京人。作家，光明日报社《文荟》副刊主编，高级编辑。著有《我在我思——知识女性文丝》、《快乐的理由》、《解密美国教育》等。曾获中国新闻界最高荣誉韬奋新闻奖、首届冰心散文奖、首届郭沫若散文优秀编辑奖等。1994年被伦敦剑桥国际传记中心收入《世界杰出人物大辞典》。

做个平民有多难

□ 韩小蕙

骑车去人民大会堂

我家的地理位置有点特殊，它坐落在北京的心脏地带——东单银街上的一个大院落，距长安街有一站地，距天安门广场三站地，我自己形容

不戚戚于贫贱，不汲汲于富贵。

——（东晋）陶渊明

为"一箭之遥"。如果要到人民大会堂去开会，问题就来了：乘公交车，包括步行到车站、等车、塞车等因素，大约需 30~40 分钟；打车，如果不塞车的话，需 15~20 分钟。但回来可就困难了，因为第一打不到车，长安街上不允许出租车空驶，更不允许随便停车。

这样，我选择了骑自行车，而且骑车一直是我上班的交通方式。可是近三四年来，我发现出问题了——社会财富使社会的精神环境发生了根本性变化（马克思主义政治经济学的最基本观点：经济基础决定上层建筑），以致，它对我竟产生了一种几乎是不可抗拒的挤压！

到人民大会堂开会的各色人等，渐渐地都变成了先富起来的小车阶级。有一次，我骑车到人民大会堂东门，发现竟只有我的一辆自行车！警卫因此拉长了脸，竟不让我把车放在以往一直放自行车的小树林内。我心里不服，一直等着不进去，想看看是不是就我一个人还骑自行车，结果大出意外，果然我是"孤家寡人"！

同事们、同仁们、朋友们见我骑着车来，往往都是冲口而出："怎么还骑车呢，你？"

这里面的潜台词颇多，有"你该买辆小车了"，有"至少也应该打辆车"，还有"掉价儿"、"离谱儿"、"穷酸儿"、"抠门儿"，等等。以前我听了全不往心里去，笑答一句，也就抛在脑后了。可现在，一次两次、十次八次、二十次……我意识到坏了，自己简直成了贫下中农了，因而渐渐地，竟也觉得脸上有些挂不住了。

说实在的，我这人虽然外表文弱，但却是个主观意志很坚强的女性，认准了的道理，敢于坚持，一般不会轻易妥协的。比如我从小就接受了一些优秀传统观念——节俭、本色、不贪钱财、不慕虚荣、实事求是、"普通一兵"立场，等等，多年来，我一直理想主义地坚持着。

可是现在，我自己竟也虚荣起来了！自行车一骑到人民大会堂附近，就会下意识地左右看看，看看有没有熟人，最好是没有。然后我就迅速闪身到小树林中，把自行车放好。最后，长出一口气，将胳膊在阳光下画出一个潇洒的圈圈，"哗"地掏出大红烫金请柬，然后昂起头，往里走。唉，平心而论，我是热爱我的自行车的，而且从身体到心理、从形而下到形而上，都觉得舒服——尤其是在清风、白云、红日、蓝天、鸽哨、鲜花之下，更尤其是在宽敞整洁、大气磅礴的天安门广场。可是，我也真的越来越惧怕熟人的目光了，它们闪闪烁烁，犹如一把把利剑，不是暖暖的垂怜，就是冷冷的鄙夷，都让我浑身长刺。

终于，有一天，我的一位好友结结巴巴对我说："下次，你从单位要个车吧！你们单位不至于穷到这……份上吧！"

哎哟，麻烦了，我的骑车已经不是我个人的行为，而是关系到我们单位的形象和声誉了！

和女儿一代的金钱冲突

前些年，女儿十四五岁时，还未长成，懵懵懂懂，我曾连哄带蒙，从她嘴里挖出了他们少男少女的一些细节，总结出了女儿和她同学的十大怪。有其一曰"穷者的富人气度"，是说这些孩子明明没钱，却个个都要争创"多花钱少办事"的业绩，比如同样的东西非要到多花钞票的大商场去买，"打车"非要坐收费高的车，从小商贩摊上买东西非要多给他们两块钱，他们管这叫"感觉好"。现在，女儿已经是 20 岁的大姑娘了，且成为留学英国的大学生，而且自己还能打工挣钱，当然消费起来，就完全是个有主见的"成年人"了。

第一年暑假女儿回国时，流行在我舌间的口头语是"看着你花钱我都眼晕"！说来我也一直在京城长大，自小家庭环境也不错，至少不是老土吧。可是女儿一回到家，就法官似的裁定我"土"。她拎出了个亮闪闪的小皮包，有书本那么大，很精致，我认不出是哪国货、什么品牌。还没等我把那几个字母拼出来，女儿就宣布了它的价格——合人民币 4000 多元！我惊呼起来。而女儿不慌不忙，心闲气定，又从里面掏出个同样风格的小钱包，大将风度地说别忙，还包括这个钱包呢。我又惊呼，那也贵得太邪乎了，这根本不应该是你用的东西，你的任务是好好学习，生活上要向低标准看齐，学习上要向高标准看齐，你怎么没把社会主义的优良作风保持好，倒沾染上了资本主义的奢靡……女儿就恼了，说你可真土！又说，这是我自己打工挣的钱。我也恼了，疾言厉色地说：

"我也不是没有这份钱，但我绝不会这么奢侈，我更愿意把钱花在有意义的地方……"

金钱这种东西，只要能解决个人的生活就行；若是过多了，它会成为遏制人类才能的祸害。
——[瑞典]诺贝尔

最让我受不了的还有一次,她非要买晚礼服,说是在英国参加 Party,英国和别的国家的学生都穿得很正式,只有中国内地的孩子们不讲究,随便穿着什么衣服就去了,她觉得让人很看不起。对此,我持异议,说我怎么不相信呀?你不是学生吗?学生的关键不是功课吗?只要学习成绩好,谁敢小看你?女儿又恼了,去向姥姥、姥爷申诉。于是,我的父母反过来做我的工作,督促我陪女儿前往王府井购买。

到了百货大楼一看,那些晚礼服确实华贵确实漂亮确实光彩照人,可是挺胸束腰露着肩裸着背,是给工作以后的成年女性准备的,哪儿是小小年纪的学生穿?女儿可不这么想,大为兴奋地、不厌其烦地试穿着,最后还蹬鼻子上脸,说要买一红一黑两件。我的火一点一点地从胸膛升到嗓子眼,压了又压,最终还是火山爆发了,拉下脸来,一言不发地回家了。

女儿回来以后也黑着脸,说我"僵化"、"保守"、"封建主义",跟不上时代发展。她最后的一句话尤其刺激我,简直把我气炸了:"哼,你还是有身份的人呢,你就这么代表中国的知识分子呀!"

我干瞪着眼,干张着嘴,双手干比划着,就是说不出话来。因为我的心确实哆嗦起来了,我确实对自己产生了疑问:难道真的是我错了?

好在今天我的宝贝女儿,已经在改变理财观念了。我心花怒放地读着她给我发来的 E-mail:"现在打工挣的钱,已经不乱花了,而是存了起来,将来用做创业基金。"

仁慈的上帝啊!

我所珍惜的,我所追求的

不讳言,我的确有着许多的优良品质,总结如下:

节约,懂得珍惜东西。比如到现在也不能容忍浪费粮食,每次在饭店吃罢饭,都会要求主宾把剩下的打包。前几年,在有人鼓吹中国的粮食吃不完的时候,我依然坚持这样做,以至于有一次一位熟稔的朋友笑话我说:"你不知道现在粮食是最便宜的东西呀?"我想也没想,就厉声说:"凡中国人,就连 7 岁的小孩子也知道,中国最大的问题就是粮食问题。中国的粮食永远都不会多,这是一个中国人的基本常识!"

节俭，从不愿意乱花钱。一般女人的缺点，都是爱买一堆没用的东西，回家以后就丢在一旁，直到搁得满是灰尘了再扔出去。还有一大毛病就是爱随手买衣服，回家一看不喜欢了，就塞进衣柜高高挂起。我时时提醒自己，尽量别犯这些毛病。我要求自己：衣服买了就要穿，东西买了就得用。

坚持自己的审美立场，不随波逐流，更不赶时髦。什么是一个女人的美？是品位。而什么是高雅的品位呢？我认为，装扮必须尽可能求其本真，自然得体，最是恰如其分。

不慕虚荣，这是女人最要紧的原则。我从年轻时在工厂当青工起，就惊喜地发现，自己身上具备着一点也不虚荣的优秀品质。当时我们车间有一百多名青工，我算是家庭经济条件较好的，可是我不讲吃不讲穿只爱看书学习。每天，我一边自己补习着初中高中的语文数学，一边笑看着有的小男工小女工，宁愿回家吃窝头就咸菜，也要玩命攒出钱来买一件的确良衬衫；或者是家里穷得一间屋子半张炕，也要戴着墨镜穿着喇叭裤，在厂区里招摇。当然，我只是觉得好玩，并不蔑视他们，我深知，他们对此看得很重，目的是为了吸引别人的眼球，增加自身价值，因为除此之外，他们再无其他可以炫耀的东西了。

廉洁自好，不占不贪，这一点最重要。前几年我们大学同学聚会，当一位同学听说我每月的工资是2000元时，当即评价："这说明你没混好。"我很意外，问"混好"的概念是什么？他脱口答道："在北京一个不错的单位，要是每月还混不出一万块，就算……"我愕然，不相信地追问道："你们单位每月能发你一万块？"他笑了，不加掩饰地说："你是真傻假傻呀，你忘了手里的权力啦……"

哦，我明白了。可是我不能接受。说真心话，当时2000多元的工资确实不高（现在工资已经不止这个数了），但我可以通过自己的劳动再挣点钱。加上我的生活很本真很简单，没有什么高消费的欲望，也没时间没心情去泡吧逛商场什么的，所以我一点儿也没觉得钱紧张。以我"不大"的又"无限大"的追求来说，吃得再好，不也就是一天三顿；穿得再好，不也就是几尺之躯；住得再好，不也就是一张床？而我个人觉得最可享受的快乐，是坐在电脑桌前，写我自己想写的散文。那时，心中满涨着做宗教仪式一般的幸福感，全身的血液都在欢唱着，把"无限大"的追求抛撒向朗朗青天。

> 奢者狼藉俭者安，一凶一吉在眼前。
>
> ——（唐）白居易

青少年受益一生的 名人金钱哲学

与你共享

金钱是一种奇怪的资源,当它数量越多时,其持有者对自我快乐标准的抬升幅度就越大,随着欲望的膨胀,原本已奢华的生活就会显得平常无奇,而生活也就陷入了恶性循环。金钱只是一项快乐资源,而不是快乐本身。获取金钱要正当,使用金钱要合理,只有这样,才能萌生快乐。 (刘英俊)

作者简介

蒋光宇 哲理散文作家,《读者》杂志签约作家。文章被《读者》、《青年文摘》、《海外文摘》、《中华文摘》等 300 余种杂志采用,并入选近百种图书。代表作品有《一沙一世界》、《一滴一海洋》、《钢琴上的黑白左右手》等。出版散文集《厄运打不垮信念》、《心态禅机》、《灵犀顿悟》等。

金钱与快乐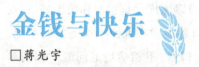

□ 蒋光宇

石油大王洛克菲勒,是标准石油公司的创始人,也是资本主义原始积累时期资本家的典型代表。为了聚敛财富,他的每一次经济行动都使许多企业破产倒闭!他以追逐金钱为人生最大的快乐,赚了很多的钱,同时也引起无数人的怨恨。退休后的洛克菲勒,生活在深深的悔恨和愧疚之中。经过痛苦的反思,他终于明白了金钱并不等于快乐。为了确保他的子孙在社会上不像他那样只顾赚钱,招人怨恨,他决定将慈善事业作为自己晚年的追求。

为了开创一项永久性慈善事业,他组成了洛克菲勒基金会。基金会成立后,曾资助医疗人员与世界范围的流行病斗争,包括疟疾、黄热病等。后来,还在中国创立了协和医院。晚年的洛克菲勒追求慈善事业,不再沉迷于聚敛财富,还喜欢与朋友打球、聊天,喜欢教育孙子,享受天伦之乐,并且经常向路人施舍金钱。他在这样的晚年生活中,终于找到了遗失已久的快乐。

曾有记者采访洛克菲勒,问他为什么这样热衷于慈善事业,洛克菲勒没有正面回答,只是微笑着讲了一个故事。

从前有个富翁,有着许多的财富,一直很幸运。然而,令富翁烦恼的是,他遇到了一个没日没夜爱唱歌的邻居,结果患了失眠症。后来,富翁想了个办法让邻居安静下来。一天,富翁把邻居请到家里,问道:"你一定很快乐,是吗?"邻居说:"是呀!我有一个非常善良能干的妻子,能不快乐吗?"富翁问:"你一定也有很多的钱了?"邻居说:"很惭愧,一文多的也没有。不过正因为如此,我才无所贪求。""你希望有钱吗?""有钱当然会使生活过得好一些,比如您……""那么,我送你五万美元吧。希望你谨慎使用它,不到万不得已时不要随便挥霍掉它。"富翁嘱咐道。谢过富翁,提着钱袋,邻居高兴地走了。"是的,这些钱要好好保存,留着必须用时再用。"邻居自言自语地说。回去后,邻居将钱埋在地下。从此,他的快乐也随同金钱一块儿被埋掉了。白天,他提心吊胆,害怕有小偷进来挖走了钱袋,连一只猫走过,也会吓得他一身冷汗。夜晚,他草木皆兵,忧愁、失眠,辗转反侧痛苦不堪。他哪里还有心思再唱歌呢?而那富翁呢,倒是实实在在睡了一段时间的好觉。终于有一天,邻居将钱还给了富翁,说:"把这令我寝食不安的钱还给你吧,即使给我 100 万,我也不想放弃我的歌声,放弃我的快乐。"

新闻记者发表了对洛克菲勒的采访,题目是《金钱与快乐》。文中有这样的一段话:"金钱可以买到房屋,但买不到家;金钱可以买到珠宝,但买不到美;金钱可以买到药物,但买不到健康;金钱可以买到纸笔,但买不到文思;金钱可以买到书籍,但买不到智慧;金钱可以买到献媚,但买不到尊敬;金钱可以买到伙伴,但买不到朋友;金钱可以买到服从,但买不到忠诚;金钱可以买到权势,但买不到学识;金钱可以买到武器,但买不到和平;金钱可以买到小人的心,但买不到君子的气度;金钱可以买到享乐,但买不到快乐。"快乐是一种心情,在社会中,这种心情应该是互相的,只有能够给别人带来快乐的人,才能够得到真正的快乐。

忘怀你穷困的日子吧。不过,可别忘记它给你的教训。

——[德]歌 德

与你共享

人们总喜欢将金钱与快乐放在一起比较，其实金钱与快乐原本就是没有必然联系的，金钱不仅不等同于快乐，过多的金钱甚至有时会成为抑制快乐的元凶。相比于金钱，宁静的心灵、健康的身体、和睦的家庭以及帮助他人的成就，才是快乐的真相。

（刘英俊）

作者简介

郑周永（1915~2001） 韩国现代集团的创始人。现代集团曾被美国《福布斯》杂志列为世界最大的十家企业之一。他出身寒门，走上社会时仅是一个学徒工，凭着不断奋斗进取、敢于冒险、勤俭节约的精神，成为世界超级财富巨人。

积极才会幸福（节选）

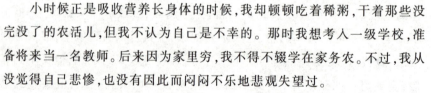

□ ［韩］郑周永

小时候正是吸收营养长身体的时候，我却顿顿吃着稀粥，干着那些没完没了的农活儿，但我不认为自己是不幸的。那时我想考入一级学校，准备将来当一名教师。后来因为家里穷，我不得不辍学在家务农。不过，我从没觉得自己悲惨，也没有因此而闷闷不乐地悲观失望过。

我这个人天生是个乐天派，遇事从不往坏的方面去想。我总是想着事情好的一面，以此鼓励和安慰自己，并从中感受幸福。

十多岁的幼小年龄，我就跟着父亲下到烫脚的水田里，在赤日炎炎下，面朝黄土背朝天，起早贪黑地干活。即使这样，我也从未抱怨过自己的处境,也没有偷过懒。干活儿当然也得休息,我们就钻进地头的树荫下迎着徐徐凉风小憩片刻。那时候我就觉得这片刻的小憩是世界上最幸福的事情。干完活儿美美地睡上一觉,醒来的时候就浑身轻松,吃起饭来也是格外香甜。我想这也是一种幸福。

我也时常背着柴火到城里去卖,看着街道两边琳琅满目的各色食品,早已饥肠辘辘的肚子总是不争气地叫个不停。装作没看见确实也够痛苦的。好在父亲事先允许我从卖柴火的钱里拿出一分钱买东西吃,我就买了两粒糖球。回家的时候,我就把糖含在嘴里,幸福地品尝糖的甜味和独属于自己的时间。那些年整个夏天都是光着脚丫子度过的,只有在中秋节等节日才能穿上一双胶鞋。那种兴奋和幸福的感觉真是久久难忘。

蒸笼似的白天过去,到了凉爽的晚上,家里人就围坐在一起,吃烧烤的青苞米。院子里点着艾蒿熏蚊子。这时候一向沉默寡言的父亲有时也会被母亲的笑话逗乐,露出难得的笑容。父亲对我们子女一直管得很严。所以看见父亲笑了,我们就觉得高兴得不得了。在我们看来,父亲的笑容就是幸福。

到了漫长的冬天,父亲也没闲着,一直搓草绳和编草鞋。小孩儿的手嫩,搓草绳搓几下就疼得受不了,所以我不愿意搓草绳子。父亲也没说什么,只是让我负责早晚喂牛。这样一来整个冬天我都能尽兴地玩个痛快。大雪覆盖山野时,全村的青壮年就上山围猎,运气好的话也能捕到狍子野猪什么的。这个时候,包括我在内,全村都沉浸在热闹和快乐的气氛中。

在故乡,有父母兄弟和朋友,回忆起在故乡的日子来还是很幸福的。只是种地付出多收获少,令我感到些许不满,所以我离家到城里找工作,并不是因为不幸。我只是想找个比种地更能挣钱的工作,以后好赡养父母和关照兄弟姐妹。

没念过几年书,只身到人生地不熟的地方,靠出卖劳力谋生,但我任劳任怨,对离开故乡一事从未后悔过。住工人宿舍里被臭虫咬得整夜睡不好觉还要到码头搬运货物的时候;在高丽大学校舍工地上搬运砖瓦石头的时候,我都是不怕苦不怕累地卖力工作,从未偷过懒。

除了劳动,一有空就到处寻找更好的工作,根本没想到什么挫折、失望。父母亲给了我强壮的身体和勤劳的品格。我确信只要我努力,明天肯定

自由固不是钱所能买到的,但能够为钱而卖掉。
——鲁 迅

比今天好。由于对生活满怀信心,生活里充满了活力,每天过得都很幸福。

从临时打工转到比较稳定的丰田麦芽糖厂工作,这是一大发展;从麦芽糖厂转到米店,这又是一大发展。到麦芽糖厂工作的时候我感到很开心,后来转到米店更是让我兴奋了好一阵。

为了节省5分钱的电车费,我坚持徒步上班,但心里还是乐颠颠的。随着生活的好转,我也可以吃上一毛钱的饭了。这些都让我感到满足。

回顾八十余年的人生旅程,虽然也有过短暂的困扰,需要承受挫折与侮辱,但我认为自己人生的百分之九十是充满活力和幸福的。

那么什么样的人是懂得驾驭人生的人呢?

什么叫富有呢?

有钱人就是幸福的人吗?

我认为,不管你生在什么样的环境里,不管你处在什么样的地位,从事什么样的工作,只要你尽心尽力,出色地完成自己分内的事情,你就能活得充实,活得幸福。

那些忠于现实、始终抱着对未来的梦想快乐地工作的人,懂得从身边小事中寻觅幸福的人,这些人肯定能获得成功。不管他的身份是什么,这样的人才是懂得驾驭人生的人。

我们在成长过程中懂得这个社会,在学习、体验社会生活的过程中完成自我发展。一个人看待事物的观点、思考方式和心态,决定着他的人生。

有些人虽然身体残疾了,但积极的心态使他们成为受人尊敬的、对社会有用的人;相反,有的人虽然四肢健全,但他们总是消极、否定地看待人生,成为对社会毫无益处的行尸走肉。人都有自己解决自己问题的能力。在人的一生当中,积极的思考是非常重要的。回顾人类史,所有的进步都是由积极进取的人来主导的。

请留意一下失败的人、不幸的人。他们总是觉得所有的人、所有的事都不顺眼,总是对自己所处的环境牢骚满腹、怨天尤人。在他们的辞典里没有"可行"这两个字。他们对世界、对人都充满了怀疑,在憎恶与不平中白白浪费自己的时间和精力,实际上他们已抛弃了解决问题的能力,因此等待他们的只能是挫折与失败。

悲观消极的思考方式只会阻碍自己发展的道路。被消极和悲观蒙住双眼的人,是不可能取得发展的。这种人不仅会拖累自己,还会拖累周围的人。他们将以落伍者、失败者的身份,碌碌无为地了却悲惨的一生。

 **与你共享**

金钱是一笔财富,但是财富并不等于金钱;成功就是财富,但财富还包含着失败。在人生的旅途中,积极的人生态度无疑是最宝贵的一笔财富。无论现实多么不尽如人意,我们都可以慢慢积累。很多时候,决定一切的是态度,有了积极的态度,财富和幸福就会翩然而至。　　　　(刘英俊)

作者简介　韩少功　1953年生于湖南。当代著名作家。著有长篇小说《马桥词典》,中篇小说《爸爸爸》、《女女女》等。其中,《西望茅草地》和《飞过蓝天》分别获1980年、1981年全国优秀短篇小说奖。

处贫贱易,处富贵难

□ 韩少功

　　安乐死的问题正争议热烈,一些法院、期刊、当事者家属沸沸扬扬。其实,未知生焉知死?孔子似乎更重视人活着的这一辈子,我们也该讨论一下安乐生的问题。

　　这个问题曾经不成问题。中国早有古训:"安贫乐道。安贫者,得安;乐道者,得乐。"安贫乐道便是获得人生幸福的方便法门。"采菊东篱下,悠然见南山"、"晨兴理荒秽,带月荷锄归"(陶渊明)、"无事以当贵,早寝以当富,安步以当车,晚食以当肉"(苏东坡)。这不是一幅幅怡然自适、遗世独

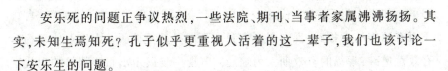
贪不可欺,富不可恃。
　　　　　　　　　　——中国谚语

立的君子古道图吗？不过，也许是先辈们太安贫，安得人欲几灭、功利几无，中国就一直贫下来，贫到阿Q就只能宿破庙、捉虱子了。被人打，就说是儿子打老子，有"精神胜利法"以解嘲，充当了"安贫乐道"论的一种民间版本，一种退化的遗传，最后被豪强抓去砍了脑袋。看来，富者不让贫者安，贫过了头就要被老太爷或八国联军欺压。要想活下去，得另外找办法。

西来的工业文明点亮了中国人的眼睛。安贫乐道作为腐儒之论被讥嘲、被抛弃、被否定。贫怕了的中国人开始急切致富，而很多社会学者几乎有"发展癖"。无论左翼右翼都一齐奉"发展"为圣谕，力图让人们相信，似乎只要经济发展了即物质条件改善了，人们就会幸福。确实，革命和建设带来了两亩土地一头牛，老婆娃娃热炕头；还带来了楼上楼下，电灯电话，"三转一响"，"新八件"，还有国民生产总值翻两番以及现代化更为灿烂炫目的前景。随着物质财产神奇的增聚，物欲得到充分的满足。但是，满足的影子紧紧随后，也在悄悄滋长，并繁殖出更多的心理黑暗。很多人反倒不怎么会安，不怎么会乐了。称作"文明病"的莫名焦灼感、孤独感正在富起来的人群中蔓延，这些人最爱问的是："有意思吗？"他们最常回答的，也是使用频率最高的词句之一："没意思。"——我们在很多场合都可以听到。俭朴，读书，奉献社会，当然早成了头等没意思的事。看电视没意思，电视停了更没意思；假日闲逛没意思，辛苦上班更没意思。他们渐渐失去了独处半日乃至两小时的能力，在闲暇里自由得发慌，只得去大街或酒吧，绷着脸皮，目光黯淡，对三流通俗歌手假惺惺的唱和，表示漠然的向往；对这些歌手假惺惺的逢迎，表示漠然的共鸣。他们最拿手的活儿就是抱怨，从邻居到联合国，好像都欠了他们十万大洋。

奇怪的现象是：有时幸福愈多，幸福感却愈少。幸福与幸福感不是一回事。如果上世纪70年代的一位中国青年，可以因为一辆"凤凰牌"自行车而有两年的幸福感，现在则可能只有两个月甚至两天。大工业使幸福的有效性递减，幸福的有效期大为缩短。电视广告展示出目不暇接的现代享受，催促着消费品更新换代的速率。刚刚带来一点儿欢喜的自行车，在广告面前转眼间相形见绌。自行车算什么？自行车前面是摩托，摩托前面是小轿车……电子传媒使人们知道得太多，让无限的攀比对象强入民宅，轮番侵扰。人们对幸福的追赶程度，永远也赶不上市场上正牌或冒牌的幸福增量。幸福感就在这场疲倦不堪的追逐赛中日渐稀释。

现代新人族都读过书、识过字，当然也希望在精神领地收获快感。现在简单啦，精神也可以买，艺术、情感、宗教等都可以成为有价商品。凡·高的画在拍卖，和尚道场可以花钱定做，思乡怀旧在旅游公司里推销，日本还出现了高价租用"外婆"或"儿子"以满足亲情之需的新兴行业。金钱就这样从物质领域向精神领域渗透，力图把精神变成一种可以用集装箱或易拉罐包装并可由会计员来计算的什么东西，一种也可以"用过了就扔"的什么东西，给消费者充分的心灵满足。

是不是真能够满足？

推销商能提供人们很多幸福的物质硬件，社会发展规划也制订出钢产量、人均生产值、学校数目和病床数目等物质硬件的指标。但一个人所得亲情的质与量，一个人所得友谊的质与量，一个人创造性劳动所得快感的质与量，一个人领会和感悟大自然的质与量，一个人个性人格求得丰富美好的质与量……这些幸福所不可缺少的精神软件，推销商不能提供，也没法找到有关的计量办法、质检办法，以便把它们纳入社会发展规划然后批量生产。正如推销商可以供给你一辆小轿车，但并不能配套服务——同时供给你朋友的笑脸或考试的成功，让你驱车奔赴。推销商可以供给你一台电话，但没法保证话筒里都流淌出亲善、智慧有趣、令人欣喜的语言，而不是愤愤不平的吵架或哀哀怨怨的唠叨。

精神是不能由别人给予的。政客和推销商们从来在这方面无所作为，他们只能含糊其辞或者耸耸肩，最好让大家都把这件事忘记。

苏东坡洞悉人性的窘境，早就说过："处贫贱易，处富贵难。安劳苦易，安闲散难。忍痛易，忍痒难。"贫贱者易生焦渴，富贵者易生厌倦，二者都不是好事。但贫贱者至少可以怨天尤人，把焦渴之苦归因于外部困难的阻碍，维持对自己的信任；而富贵的厌倦之苦完全是自作自受，没法向别人赖账，必须自己承担全部责任，不能不内心恐慌。贫贱者的焦渴是处在幸福的入口之外，还有追求的目标，种种希望尚存；富贵者的厌倦则是面临着幸福的出口，繁华幻影已在身后破灭，前面只有目标丧失的茫然和清寂。这样比起来，东坡先生所言不差。难怪他常常警告自己："出舆入辇，蹶痿之机；洞房清宫，寒热之媒；皓齿娥眉，伐性之斧；甘脆肥浓，腐肠之药。"

金钱是深刻无比的东西，它背后的故事，多于爱情。
——（台湾）三　毛

113

亦如德国人尼采说的:"人生的幸运,就是保持轻度贫困。"他们都对富贵瞪大了警惕的眼睛。

人类虽然不必太富贵,但总是要富贵的,富贵不是罪过。东坡、尼采二位的拒富仇富主义终不是积极的办法,不能最后解决灵与肉、心与物这个人类永恒的难题。只是现代不少人富有后的苦日子,不幸被二位古人言中,实是一桩遗憾。应该说,事情还刚刚开始,物质还会增聚的。东西方都在较着劲干,没有人能阻止经济这一列失去了制动闸的狂奔的列车。幸运的物质硬件不断丰足和升级,将更加反衬出精神软件的稀缺,暴露出某种贫乏和尴尬。上帝正在与人类开一个严酷的玩笑,也是给出一种考验。

苏东坡一生坎坷,但总是能安能乐。如果说陶渊明还多了一些悲屈,尼采也太容易狂躁,那么苏东坡便更有健康的光彩。他是一个对任何事都有兴趣的大孩子,是一位随时能向周围的人辐射出快乐的好朋友,是一位醉心于艺术探索以及兴修水利的实干家——可见他的安贫不意味着反对"富"民。我每次想起他的形象,便感到亲切并发出微笑。

与你共享

钱财本无好坏善恶之分,其最终变为天使还是恶魔还在于人们处富贵的态度与方法。即便是富贵了也别忘了简朴的生活原则,因为欲望一旦膨胀起来,往往就难以控制;奢侈的生活习惯一旦养成,往往就难以放弃。取之而有道,用之而欢乐,这或许就是最好的处富贵之法。 (刘英俊)

第 **4** 辑

上帝是公平的

有人总是抱怨：为什么上帝那么不公平，他富有，我却贫穷？

贫穷吗？上帝让你知足。富有吗？上帝让你贪婪。劳作吗？上帝给你胃口，让你健康。享受吗？上帝让你乏味，给你肥胖。追求幸福者，上帝让你感觉命短；遭受痛苦者，上帝让你感受寿长。你追求财富的递增？那么上帝就让你感受递减。你贫穷吗？上帝就让你感受递增。福和富不可兼得，这难道不是上帝的绝对公平吗？

作者简介　孙绍振　1936 年生,祖籍福建长乐。当代作家。著有诗集《山海情》,散文集《面对陌生人》,论文集《美的结构》、《孙绍振如是说》、《文学创作论》、《论变异》等。

发财的感觉

□ 孙绍振

突然收到一封来自尼日利亚的信,是一个不认识的人发来的,说是由于政治上的变乱,发信人的一笔款项(2600 万美元)卡在该国中央银行里了。只要我提供一个账户,就可以把款项提出;其中的 20% 属于我。算了一下,500 多万美元。凭良心说,我想象不出,这么多钱对我有什么用处,像我这样的人,无论如何浪费,一辈子也花不完这么大一笔钱。

许多人忙忙碌碌,疲于奔命,不管是嘻嘻哈哈还是哭哭闹闹,不外是为了钱。为什么这么执迷不悟呢?无非是钱不够用。正是因为不够,铤而走险者有之,出卖灵魂者有之,不要脸者有之,不要命者有之。人类进化到今天,许多毛病都可能改掉,就是这一点总是改不了,那就是贪财,总是觉得钱不够。每月拿几百元下岗津贴的觉得钱不够,年薪 10 万的经理和年轻的教授也感到钱不够。钱不够似乎成了人性的一部分。

钱不够花是一种苦恼,人生也就是一种苦恼。

活了这么大年纪,还没有一个人告诉我,钱太多了,是一种什么感觉。

只有一次,我从间接渠道得到消息,一个在深圳的朋友,炒股票发了一笔,大约是 60 万吧。那是 20 世纪 90 年代初,在当时可是许多人一辈子都赚不到的一个天文数字。我们没有机会见面,因而无从直接得知,口袋里鼓着 60 万是一种什么感觉。只是从他太太写的一篇文章里得到讯息,有了那么多钱,第一个感觉是轻松,生活的重负一下子消失了。

这个感觉太抽象。买了件便宜东西,打赢了一场球,考了好分数,得到理想单位的录用通知,都会轻松。但是发财,那种轻松感显然与之不同。

在我周围还没有一个发横财的大款。

一下子,这样的幸运光临到我的头上了。

我并不需要那么多钱。按严格的逻辑推理,只取其中足够我挥霍一辈子的就行了。钱太多,会变成坏事,小偷、劫匪不会把穷鬼作为重点目标。报纸上绑票甚至是撕票的对象,都是钱多得用不完的财主。如果轮到我,岂不哀哉。

鸟为食亡,尚可同情,人为财死,在佛家来看,就是"妄执无明"。

这么一想,钱是个坏东西。

但是,我想起了当代中国一句著名格言:钱不是万能的,但没有钱却是万万不能的。

学校当局正在为没有钱建造教学大楼而发愁,我可以拿来送给学校,成立基金会,造最豪华的大楼,剩下的奖励穷困而好学的大学生。实在太多,我可以到东街口百货公司大楼上,100 元钞票成把地往下撒,其飘飘洒洒的景色,其壮观的程度,大概可以进入吉尼斯世界纪录。

和有关方面商量的结果,把一个亏本得一塌糊涂的公司放在我名下,让我当个挂名的董事长。我就以董事长的名义向尼日利亚方面发了传真,表示同意。

一个月内,很是顺利。对方的"总统特别偿债委员会"还给我发了几次传真,核查情况。我都依照发信人的嘱咐,一一应付了。至于缴纳税金,在该国保险公司投保的费用,都由对方解决了。

眼看那 500 多万美元就要入账,免不了盘算起来:

除了挽救那个濒临破产的公司,还会剩下 3000 万人民币。

成立基金会吧,谁来当会长呢?我来当,会不会给人一种狂妄的感觉呢。在我给有关方面贡献了这么大一笔款子以后,德高望重的头衔放在我的头上不是名副其实吗?最伤脑筋的是,造一座大楼,还是造两座?体育馆花上 200 多万美元,造得民族化一点,把梁思成的理想付诸实现,岂不妙哉!在招标投标的过程中,有人贿赂我怎么办?大喝一声吗?这太夸张了,有点像电影上的英雄人物。买材料,搞安装,拿百分之三到五的回扣是公开的秘密。这可要让心灵充分设防的人负责,比如我的那些老同事,在 50

家有万贯,不如出个硬汉。

——(清)钱大昕

117

年代形成世界观的,至少看过革命电影《钢铁战士》和苏联小说《钢铁是怎样炼成的》。这事要上下奔波,当然得给人家鞋子补贴费;为了国家的利益,还要适当地吹牛骗人,吹牛的事,这些哥们绝对外行,一吹就露馅。还是派我门下口才好的研究生去,歪理也能吹出十八点来,滔滔不绝地演说,天下无敌。吹牛成功的要不要给予补贴呢?不给吧,不平等,跑破鞋子的和吹牛的,要一碗水端平,但是我的那些研究生,一个个写论文才华横溢,一到生意场面上,会不会稀里糊涂,傻不愣登,被那些奸商糊弄呢?

腐败分子,什么手段使不出来啊。那些年轻人,什么都顶得住,碰到美人计就可能败下阵来。要是落下个艾滋病怎么对得起人家太太?那可真是作孽了……

最可忧虑的是,到时许多人来求职,有些是亲戚,有些是朋友的孩子,还有朋友的邻居,邻居的朋友,那些人常常是缺乏竞争力,又仗着我的来头,如果把事情搞砸了,该不该追究责任,要不要和老朋友老邻居翻脸呢?

日日夜夜地思虑竟然弄得我失了眠。

起先是吃一粒安眠药,后来就变成了两粒,再后来就是三粒也不成了。想吃四粒遭到太太的反对,说是会弄成老年痴呆症……

就这样,一天天地形容憔悴起来。

突然想起来,我那朋友发财的感觉是一身轻松,可是我却相反,相当沉重。

晚上睡不着,白天也昏昏沉沉。

正日夜烦恼,对方忽然来了传真,该国财政部要收取管理费8500美元,指定要从我们这里途经纽约的一家银行——利亚德的一家银行,然后汇到拉各斯他们指定的银行户头上。

请示了有关方面,说是款项不大,可以汇出。

如果是我自己,这一笔不能说太大的钱,是亏得起的。但是,公司户头上的,毕竟是公家的钱,白丢了,良心上、名声上都不好交代。

这时,女儿比我多长个心眼,她的英语考过了六级,深信美国人所说,"没有免费的午餐"的名言,力主慎重。于是我找到了正在香港经商的学生林子坚,他说,这可能是骗子,尼日利亚腐败得不得了,骗子横行,他自己就被尼国商人骗了4万港币。信用证开了,都没有用,反正是外汇出不了国。这引起了我的警惕,正好我的一个学生当了副省长,我就求他通过我们国家在该国的商务代办,请求核实。

发个传真,并不是难事。

八天之后,回音来了:这是一个典型的国际诈骗案。

发财当然是完蛋了,但是,人却得到了解脱,沉重感消失,失眠症也消失了。

几年以后,遇到我那位发了财的朋友,很想和他聊聊,讨论一个心理学问题,为什么他发财的感觉是一身轻松,而我发财的感觉则是沉重不堪,失去了发财的机会倒是轻松愉快。

我本想对他说,人说,无官一身轻,我想说,无财更是一身轻。

但是,他又发了一笔新的财,没有工夫谈心理学问题,我话说到嘴边,又缩了回去。

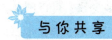

与你共享

作为芸芸众生中常常感到囊中羞涩的一个,谁没有做过一夜暴富的美梦?然而,梦想跌进现实以后,其形象往往变得微妙地扭曲。发财是种怎样的感觉?甜蜜抑或苦涩?似乎没有人能确切地告诉我们——因为发财是一种"感觉",她像雾中花那般若隐若现。　　　　　　　　　　(刘英俊)

苟粟多而财有余,何为而不成?

　　　　　　　　　　——(东汉)班　固

舒婷　女，原名龚佩瑜，1952年生于福建厦门。当代著名诗人，朦胧诗派代表作家之一，与北岛、顾城齐名。代表作《致橡树》是朦胧诗潮的名篇之一。著有诗集《双桅船》、《会唱歌的鸢(yuān)尾花》、《始祖鸟》，散文集《心烟》、《秋天的情绪》、《硬骨凌霄》、《露珠里的"诗想"》等。

另一种经济头脑

□ 舒　婷

　　曾经，9岁的儿子来向我要10块钱，因为他有两架胶黏飞机用了邻居孩子的喷漆。我把钱给了儿子，好奇地问他："一罐漆要多少钱？可以喷几架玩具？""15块钱，大约喷20来架航空母舰或战斗机。"当天下午我带孩子到厦门买了白色和灰色两罐漆，傍晚便看见邻居孩子和儿子趴在砖坪上，周围歇满双方的军事武器，亟待旧貌换新颜哩。不用问，我也知道玩得正开心的儿子不会想到收费。邻居做生意，家教有方啊。

　　儿子今年高三，两顿正餐都在学校吃。他说同学中有领"月薪"和"周薪"的，而他比较合算，领的是"日薪"，因为我每天维持他的钱包。为了以防万一，他的零用钱有充足的余地，但他的钱包常常被同学倒空了回来。我要是出差，忘了给他发饷，他也能在同学那里混个肚儿滚圆。有时我会嘲笑儿子缺乏经济头脑，心里其实满欣赏儿子那一点点江湖气。

　　虽然如此，我不免要担心孩子日后步入社会毫无防范能力，利益受损还在其次，心理挫折和失重给予的伤害更为深切。丈夫教儿子足球和哲学，我和儿子讨论简的散文和奶油鸡丁，我们不知道如何向儿子灌输"金钱不是万能，但没有钱万万不能"这一社会现实。

　　作为户长，丈夫不清楚他和我的工资数目。除了迷信一切广告，邮购各种磁疗、电疗、光疗仪器和脑黄金、归元功能液、褪黑素之外，他只花钱到小店理发。顶多三个月一次，因为现今他的头发生长缓慢且日益稀少，很有学问的样子。作为主妇，我比丈夫会花钱，虽然不记得我刚买回来的瘦肉有多重,一斤多少钱,但我常常在名牌店的特卖区,被"跳楼价"彻底打晕。买的时候欢天喜地,回到家中一试,大多差强人意,然后就张罗着送人。挨个塞给我那些亲密的女记者女编辑女同行们,生怕她们不喜欢,还得做一个口干舌燥"送瓜的老王"。

为光彩夺目的瓶子买极贵的香水,从来不记得用;为拗不过上门做直销的大学生,心一软,买下成堆的牙刷和丝袜,连保姆都嫌质量太次不肯将就;为换一个 175 立升的西门子冰箱,腾空正用着的东芝 135 立升旧冰箱,当场送给运货工人扛走;第二天想到儿子在校租房需要一个小雪柜,只好花 500 元去买二手货,还是一般牌子的。

这些都是小钱,花得再冤枉,不致倾家荡产。大钱方面,我们不曾置屋,不愿劳民伤财搞装修,所以至今不必为买房子踏破铁鞋。夜来失眠,盯着旧宅天花板那些抽象画派的水渍胡思乱想,偶尔掉下一大块灰泥,构图立刻推陈出新。至于投资或高薪受聘,癞蛤蟆照例是要梦想的,可惜天鹅肉照例也是吃不到的。甚至炒股,朋友好心代买了一些垃圾股,花多少钱,买多少股,完全不记得。有天朋友打电话报喜,说而今该股大涨,问我们可否抛出?乐极生悲的是,居然找不到股票。查寻许久,原来还寄存在朋友的办公桌里。10 年间,既不知分红派股,也不曾认证。幸亏朋友懂行帮忙操作,于是挂失三个月重新认证。眼看那股票轻飘飘上飚又沉甸甸下落,已近全军覆没,朋友问还卖不卖?当然当然,卖掉干净。于是还有钱拿,像从天上掉下来似的,立刻犒赏自己,买一双皮尔·卡丹的靴子。

不善理财,并非不懂当今社会"一切向钱看"的厉害劲儿。中国人直接受"金钱万恶"的传统教育,钱是喜欢的,但只能羞答答地藏在心里,不可臭气熏天地挂在嘴上,而且要取之有道。从前笑话里说污吏受贿,以白绫缠手,至少他心里是羞愧的;当代贪官收受的是存折,免去心灵一层炼狱,阔步上台作"反腐倡廉"长篇报告。对于蝇头小利,文化人一般都会昂首睥睨,鼻孔嘘一声"安为五斗米折腰"。如果是五斗金子呢?那腰,怕有点岌岌可危吧?

我还在做知青时,有位读政治的大学生教给我一条颠扑不破的真理:"一切政治态度都取决于它的经济基础。"当时我们太年轻,充满理想主义色彩,崇尚"若为自由故,两者皆可抛"的人生价值观,不把这条标准放在心上。

生活不断证明"经济基础"的决定性作用。老百姓说得挺形象,"财大

会赚钱的人,即使身无分文,也还有自身这个财产。

——[法]亚 兰

气粗"嘛。

如果我儿子需要为 3 块钱或 3 块 5 毛钱的快餐权衡再三，那他就不可能胸无芥蒂与同学互通有无；如果丈夫不在大学任教，而在工地上与民工一起拉板车，每天晚上他都会数口袋里的钱，看能否维持到月底；如果我不是自己辛苦挣稿费，那我在市场丢 10 块钱就会懊恼好几天，偷偷买一件贵点的裙子，穿出来时要惴惴然看丈夫的脸色。女人的自信自尊更为需要经济地位的独立。对金钱没有太高的奢望，并且有一份干净稳定的收入，这使我和我的家人知足常乐。从这点说，我是不是算得上有点经济头脑？

与你共享

现代人不但懂得把头脑用在工作学习上，也越来越懂得把头脑用在经济上。在手头不宽裕的时候量入为出，这是一种经济头脑；在手头有余钱的时候投资增值，这也是一种经济头脑；抛开"斤斤计较"、"步步为营"，生财有道、知足常乐，这又是另一种"经济"头脑。

(刘英俊)

作者简介　尚德琪　优秀新闻工作者。曾任《甘肃日报》新闻部主任。在《中国青年报》、《工人日报》、《杂文报》等报刊发表杂文、随笔、评论稿件数百篇，部分作品被《读者》、《散文选刊》、《杂文选刊》等转载。其中《无聊对无聊》、《眼泪的真实性》、《当记者有什么好》等作品连续获奖。

人 与 钱

□ 尚德琪

2002 年诺贝尔经济学奖获得者是美国心理学家丹尼尔·卡伊曼，他把心理学研究和经济学研究结合在一起，对人的行为，尤其是不确定条件下的判断和决策行为提出了崭新的解释。

经济学家张维迎讲过一个关于丹尼尔·卡伊曼的故事:有一次,卡伊曼从以色列首都的一个酒店"打的"去机场,到达机场后司机要他付 100 元,卡伊曼和他的朋友都认为太高了,不合理。出人意料的是,司机没有讨价还价,却把车又开回了酒店,并让他们下车:"你们重新打车再去吧,看看是不是这个价!"

很多人对司机的行为都不可理解,但卡伊曼心领神会,因为这正好证实了他的研究成果。他发现:风险决策后的输赢结果对人而言是不对等的,减少 100 元带给人的痛苦,远远大于增加 100 元带给人的愉快。他的基本结论是:人们最在乎的是他们已经得到的东西。

卡伊曼研究的不全是钱,但他的研究却首先引起我对钱的反思:

1.我们是不是这样:收别人的钱时可以少收一角,给别人付钱时却不愿多付一分。

2.有钱的人很容易成为守财奴,没钱的人却并不幻想成为富翁。

3.对一些人来说,奖金可以一分不要,但工资却一分也不能少。

4.攒了 10 天的 100 元钱丢了,只痛苦 1 天;攒了 10 年的 100 元钱丢了,要痛苦 100 天。

5.欠别人的钱一天,可能心有不安;如果欠了一年又一年,则可能心安理得。

6.一个穷人可能会一辈子很快乐地生活着,而一个一夜之间变成穷人的富翁则可能一天都活不下去。

7.没到手的钱很多人都不愿意伸手,到手的钱很多人都舍不得丢手。

8.钱越多的人越想挣大钱,钱越少的人越不想挣小钱。

9.有人为了讨回自己的 1 元钱,甚至愿意花 100 元钱去打官司;但没有人愿意花 100 元钱的成本,去赚别人的 101 元钱。

10.有时,我们宁肯少挣 100 元钱,也不愿与人吵吵嚷嚷;但有时,我们为了少付 10 元钱,却不惜与人斤斤计较。

11.煮熟的鸭子飞了,有人可能要发疯;活鸭子从眼前飞过,人们有可能无动于衷。

12.在这个世界上,会省钱的人,总是比会赚钱的人多。

鸟翼系上了黄金,这鸟便永不能再在天上翱翔了。

——[印度]泰戈尔

13.如果没有那一笔钱,你可能不会觉得命运对你不公;如果失去那一笔钱,你就会觉得命运总与你过不去。

14.你可能为此惊奇过:如果你有一张百元大钞,10天后,你发现仍原封不动地装在身上;如果你有100元的零钞,3天后,你发现竟在不知不觉中花光了。

15.赌博是这样的:赢一次,还想赢得更多;输得再多,也想一次捞回来。

16.有钱的人想的是一分钱赚一分钱,没钱的人最多也只是想怎样将一分钱掰成两半花。

17.什么都没有的人看起来却像什么都有,什么都有的人看起来有多少都不够。

18.在消费环节,富人总是赊账(签单是一种潇洒,而付钱则比较痛苦),而穷人总是付现钱(主要是人家不允许赊欠)。

19.在适当的时候,装成一个穷人,可能会对钱看得淡一些;同样,在适当的时候,装成一个富人,则可能对钱看得轻一点儿。

20.到了手的才是钱,不到手的钱最多也只是一句承诺,或者一纸合同。

在不同的钱面前,人与人不一样;在不同的人面前,钱与钱不一样。不知道丹尼尔·卡伊曼同意这些说法吗？但他应该理解,这是我第一次读他时想到的。

与你共享

所谓"钱乃身外之物"说的是人和钱的关系。钱到手边终归是要花掉。然而,挣钱、花钱给人心理的感觉,毕竟存在着差异。我们不会为没有赚到的一百元而心痛,却往往为多花销的一分钱而后悔。那样的话,我们先是错过真财富,然后是错过好心情。

(刘英俊)

作者简介

贾平凹　原名贾平娃。1952年生,陕西丹凤人。当代著名作家。著有小说集《贾平凹获奖中篇小说集》,长篇小说《商州》、《废都》、《土门》、《高老庄》、《秦腔》、《高兴》,散文集《四十岁说》、《五十大话》等,自传体长篇《我是农民》等。《浮躁》获1987年美国美孚飞马文学奖,后又获得由法国文化交流部颁发的"法兰西共和国文学艺术荣誉奖"。

说 花 钱

□ 贾平凹

　　中国传统的文化里,有一路子是善于吹的如气功师,街头摆摊卜卦的,酒桌上的饮者,路灯下拥簇着的一堆博弈人和观弈人,一分的本事吹成了十二分的能耐,连破棉袄里扪出一颗虱来,也是珍养的,有双眼皮的俊。依我们的经验,凡是太显山露水的, 都不足怕。一个小孩子在街上说他是毛泽东,由他说去,谁信呢,人不信,鬼也不信。先前的年里,戴口罩很卫生,很文明,许多人脖子上吊着白系儿,口罩却掖在衣服里,就为着露出那白系儿。后来又兴墨镜,也并不戴的,或者高高架在脑门上,或者将一只镜腿儿挂在胸前衣扣上。而现在却是行立坐卧什么也不带的, 带大哥大,越是人多广众,越是大呼小叫地对讲。——这些都是要显示身份的,显示有钱的,却也暴露了轻薄和贫相。金口玉言的只能是皇帝而不是补了金牙的人,浑身上下皆是名牌的服饰的没有一个是名家贵族,领兵打仗大半生的毛泽东主席从不带一刀一枪,亿万富翁大概也不会有个精美的钱夹装在身上。

　　越不是艺术家的人,其做派越更像艺术家;越是没钱的人,越是要做出是有钱的主儿。说句好话,钱是不能说就证明一切,但也不能说钱就不是一种价值的证明,说难听点,还是怕旁人看不起。过日子的秉性是,过不好,受耻笑,过好了,遭嫉妒。豪华宾馆的门口总竖着牌子写着:"衣着不整,不得入内",所谓不整者,其实是不华丽的衣着,虽然世上有凡人的邈

> 金钱在天下不断循环,却每次都避开我,真叫人心里别扭。
> ——[俄]屠格涅夫

遢是肮脏、名流的邋遢是不修边幅之说,但常常有不修边幅的名流在旁人说出名姓后接待者的脸面方由冷清到生动。于是,那些不失漂亮的女子,精致的手袋里塞满了卫生纸,她们不敢进澡堂,剥了华丽的外套,得缩身捂住破旧不堪的内衣,锃亮的高跟皮鞋不能脱,袜子被脚趾捅出个洞。她们得赶快谈恋爱,谈恋爱了,去花男朋友的钱,或者不结婚,或者结了婚搞婚外恋,傍大款,今天猎住这个,明日瞄准了那位,藤缠树,树有多高,藤有多高,男人们下海在水里扑腾,她们下海,在男人的船上。社会越来越发展到以法律和金钱维系,有定数的钱就在世上流通,聚聚散散,来来往往,人就在钱上穷富沉浮。若将每一张钞票当一部小说来读,都有一段传奇的吧。

如果平静地来讲,现在可爱的倒不是那些年轻的女子了,老太太更显得真实、本质,做小市民有小市民的味:头梳得油光光的去菜市,问过了这一摊位的价格,又去问那一摊位的价格,仰头看天,低首数钱,为一分两分与摊主争吵,要揭发呀要告状呀地瞧摊主的秤星秤锤,剥菜叶子,掐葱根,末了要走了还随手捏去几棵豆芽。年轻的女子在市民里仍有个"小"字,行为做事却要充大。越是小,越怕人说小,如小日本偏自称大日本帝国,一个长江口上的滩城偏要叫做大上海。

依一般的家庭,能花钱的都是女人,女人在家庭有没有地位就看是否掌握花钱的权利,如今的"气管炎"日益增多,是丈夫们越来越多地失去了经济的独立。事实是,真正的男人是不花钱的。日本的一位首相说过,好男人出门在外身上只装十元钱。他有能力去挣钱,挣了钱就让女人去花吧,看着女人去花钱,是把繁琐的家庭日常安排之任交她去完成了。即使女人们将钱花在衣着上、脸面上,那更是男人的快乐。试想,一个人被他救过命又救过另外人的命,他是从内心深处不愿常见到恩人而企望被救过的那人常出现在他面前的。不管如何地否认和掩饰,今日的社会还是以男人为中心的社会,女人——如张爱玲所说——即使往前奔跑,前面遇到的还是男人。所以,自己有了钱的,做了强人的女人,实指望一切要主动,却一切皆不主动,尤其是爱情。

钱的属性既然是流通的,钱就如人身上的垢甲,人又是泥捏的,洗了生,生了洗。李白说,千金散去还复来。守财奴全是没钱的。人没钱不行,而有人挣的钱多,有人挣的钱少,表面上似乎是能力的大小,实则是人的品种所致。蚂蚁中有配种的蚁王,有工蚁,也有兵蚁;狗不下蛋,鸡却下蛋,不让鸡下蛋鸡就憋死。百行百业,人生来各归其位,生命是不分贵贱和轻微的。钱对于我们来说,来者不拒,去者不惜,花多花少皆不受累,何况每个人不会穷到没有一分钱(没有一分钱的是死了的人),每个人更不会聚积所有的钱。钱过多了,钱就不属于自己,钱如空气如水,人只长着两个鼻孔一张嘴的。如果这样了,我们就可以笑那些穷得只剩下钱的人,笑那些没钱而猴急的人,就可以心平气和地去完成各自生存的意义了。古人讲"安贫乐道",并不是一种无奈后的放达和贫穷的幽默,"安贫"实在是对钱产生出的浮躁之所戒,"乐道"则更是对满圆生命的伟大呼唤。

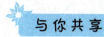 **与你共享**

　　花钱和挣钱仿佛是一对亲兄弟,因为这两种行为有太多的相似之处。挣钱时"来者不拒",花钱时"去者不惜",一样的洒脱,一样的超然。对金钱的态度,往往决定我们的人生是否快乐。如果能以平和的心态去花每一分钱,我们就不会为金钱所累。

　　　　　　　　　　　　　　　　　　　　　　　　　　　　　　　　　(刘英俊)

作者简介

　　司马舜　日本作家。著有《塔木德的经商智慧:超越 5000 年时空的卓越商法》、《谁打开美国的保险箱》等。

在犹太人的脑袋里

□[日]司马舜

　　世界的财富在犹太人的口袋里,犹太人的财富在自己的脑袋里。

　　黄金的枷锁是最重的。

　　　　　　　　　　　　　　　　　　　　　　　——[法]巴尔扎克

美籍犹太人占美国总人口不到3%,但每年的《财富》杂志所选出的美国的超级富豪,约有20%~25%是犹太企业家。从更广的范围来看,在全世界最有钱的企业家当中,犹太人竟然占了一半。

在以色列以外的其他地方,犹太人几乎都是当地"最富有的少数民族"。

尽管犹太人仅占全世界总人口的0.3%,他们却操纵着世界经济的杠杆。

为数不多的犹太人,竟成为全球最强的富人,这其中隐藏着怎样的秘密?

回答这个问题其实并不太难。

理财三等分

犹太人认为,钱虽然流通各地,无所不在,但若只让它从眼前溜过去,还是聚不了财的。

依照传统犹太人的理财方法,任何时候都要拨出1/3的金钱存起来,只有这样才能积累财富。就像拉比依兹哈库说的:

"理想的理财方式是,要用1/3来买地(最好的储蓄方式),1/3用于商品运作,另外1/3则应该留在手边。"

实际上,这就是如今人们呼吁的分散风险的安全投资方法。

犹太人很早就运用这种安全投资方法,真可谓是先知先觉。

教育和宗教一样神圣

对于教育,犹太人是作为一项神圣的宗教义务来履行的,哪怕是最贫穷的家庭也会尽力使子女受尽可能多的教育。

一项统计数字表明,美国犹太人中受过高等教育的人所占的比例,是整个美国社会平均水平的5倍。在现代社会中,这种重视教育、善于学习的回报就是知识和金钱。

犹太人无乞丐

犹太人注重社团生活，十分强调慈善和互助，并热衷于公益事业。犹太教徒的义务之一就是要"施舍济贫，乐于助人"。

社会学家们早就发现一个事实：犹太人中没有乞丐。从总体上看，各地的犹太社团总能保持高于其他社团的生活水平。

犹太人的团结互助精神可谓无处不在。

历史原因造成了犹太人被迫散居于世界各地，反过来，这又成了他们在商场上的一大优势。

犹太无禁书

犹太人不禁书，即使是一本攻击犹太人的书。

犹太人爱书的传统由来已久，深入人心。联合国教科文组织最近的调查表明，在以犹太人为主要人口的以色列，14 岁以上的以色列人平均每月读一本书。全国有公共图书馆、大学图书馆一千多所，平均每 4500 人就有一所图书馆。在有 450 万人口的以色列，办有借书证的人就有 100 万。

在人均拥有图书馆、出版社和每年人均读书的比例上，以色列超过世界上任何一个国家，为世界之最。

让有钱人引领消费

要使某种商品流行起来，最重要的是让它在那些有钱人当中流行。上流社会的风尚对一般人有很大影响。

经商必须休息

每周从星期五晚上到星期六的傍晚，犹太人都要禁酒、禁烟、禁欲，抛却一切杂念，一心向神祈祷，让商业活动处于停止状态。

黄金没有占统治地位的时代就是黄金时代。

——[法]马尔涅齐阿

神 听 得 见

犹太人和犹太人之间做生意,连合同也不需要,因为他们的口头允诺已有足够的约束力,因为他们认为"神听得见"。

绝不一次性博弈

骗过别人一次,没准别人也会骗你,第二次生意也就别想再做了。

不盗窃时间

雇工按时间计酬;会客必先预约,时间一到立即送客,否则按时计费;办公桌上从来没有昨天未解决的文件。

自 律 律 人

犹太人给自己订下了 613 条戒律,而为了和非犹太人和平共处,他们仅提出 7 条各个民族都通用的戒律。

宁 租 不 买

犹太巨富如果暮年仍租住公寓,就绝不会弃租买宅。他们会说:"反正我要死了,何必将房子留给别人!"

不违法就行

所谓"法律的空子",就是法律对某种行为的默认。犹太人喜欢做被法律默认的生意。

苦难是一笔财富

暴风雨之后的彩虹被犹太人视为希望。他们认为光明始终在黑暗的背后,苦难是一笔最大的财富。

他们始终如一地相信上帝和金钱,认为不管受过怎样的苦难,他们都会回到上帝赐予的"应许之地"。

与你共享

犹太人的脑袋里满是财富,因为他们对财富运行的规律烂熟于心。犹太人带给我们这样的启示:能正确运用财富规律的人,可以让钱生钱,可以把财富打理得有条不紊;对财富规律熟视无睹,随心所欲地挥霍金钱的人,最终也将为财富所抛弃。

(刘英俊)

作者简介

丁宗皓　1964年生,辽宁本溪人。当代作家、记者。1984年开始发表作品,主要从事诗歌、评论、散文的写作。著有诗歌集《残局》,散文集《阳光照耀七奶》。曾获辽宁文学奖·散文奖、辽宁省优秀青年作家奖。

穷人的阳光

□ 丁宗皓

在离我家不远的一条大路旁,每天我都可以看见一位摆摊的老人。他的年龄在50岁左右,在我的印象里,他好像从来就没有正眼看过任何人。

巨大的财富对于一个不惯于掌握钱财的人,是一种毒害,它侵入他的品德的血肉和骨髓。
　　　　　　　　　　　　　　　　　　　　——[美]马克·吐温

在一棵树下,他将一些充满童趣的纪念卡片一字排开,但是他不蹲在卡片后用目光搜寻买家。相反,他在做另一件事情,任何人都想不到的事情。他用五颜六色的粉笔在地上写着今天生活中能听到的民谣, 即讽刺世事的民谣,而且每天的内容都不相同。写完后,他则在地上铺一块布,斜卧在上面,任由阳光斜照在自己的脸上。

也许是因为年龄逐渐变大,而自己开始没有足够的精力或者倦于每天的奔波的时候,我开始留意生活中这样的景致。我开始为这样的情形所感动。

在喧嚣的人群里,时时注意到自己的确是一件十分痛苦的事情,但是一旦开始,就再也收不住脚。我于是就看见了自己一向认为正常的人生,读书、上大学、工作、力争向上,有人也称为向上爬,尽力使人生变得轻松,仿佛一个长期在水下憋气的人终于浮出水面, 生活中的大多数人就是这样走着,脚步多的地方就自然成为主流人生。我想我已经成为一个十分无趣的中国人,跟着大多数人向前走着,并认定这就是价值之所在。

作家余华说他讨厌中国的知识分子, 因为他们不知道自己真正需要什么。我开始这样理解,作为一个群体文化的底色,他们没有像铁锚一样,使一个群体在任何一个时空里都能牵住在任何潮水中摇动的生活之舟,使人们只听凭于心灵的召唤,而不被肉体的欲望所控制。走在人群里,我强烈地感到,因为中国人的心灵还和历史一样,在功利主义和隐逸之间茫然地徘徊,使入世变成没有理智的掠夺,使出世变成失败的藏身之所。

我们真正需要的是什么? 大多数的中国人回答不了这样的提问。

在这样的群体里,最容易形成时尚和潮流,所有潮流的流向,那是一元化的价值取向。所以我们的心灵总是一架失控的马车。

一年前,老友老杜从英国归来。他扎着一个小辫,背着一个仿佛是军用书包改制的包,进我的办公室时,似乎心有余悸。我有些不解,问他怎么了,老杜肯定地说:我害怕。我不解地问他:你怕什么? 他说:我怕同胞。我感到好笑,于是哈哈大笑起来。老杜说:在同胞的脸上,看不到安详和宁静,只有焦躁甚至凶蛮,而他最怕的是他们的眼神,像是要吃人。我说:我也让你害怕? 老杜认真地看了我一会儿,说:有一点。这回,我没有笑。

我已经把什么写到了自己的脸上?

多年以前,老友老杜在我看来就是生活的叛逆者,对于我们感兴趣的东西,他并不在意。比如找个好的工作,过一种规范的中国世俗生活,娶妻生子。老杜喜欢照相,喜欢自己干自己的事情,而他的事情在中国人看来根本不叫什么事情,至少不是正经的事情。老杜拒绝这样的尺度通过他所熟悉的生活圈子强加到自己身上,于是就去了英国。那是 20 世纪 90 年代初的一个晚上,老杜在沈阳北站急不可待地上了火车,像胜利逃亡的战俘。

现在,老杜面色有些苍白地坐在我的对面,向我描述自己的英国生活。他住在伦敦的贫民区里,周遭都是英国的下层各色百姓,包括嬉皮士。这里的很多人最后都成了老杜的朋友。刚到伦敦的一天早晨,打工的老杜在街上看见了露宿的人们正在悠闲地收拾背囊,老杜以为目睹了英国穷人的窘迫。后来老杜结识了自己的房东,原来自己的房东也是这样一个喜欢到处露宿的年轻人。他有自己的房子,但是并不喜欢按部就班地住在房子里,他宁愿租出去,而自己背着行李到处睡觉。在以后的岁月里,老杜认识的这样的英国穷人越来越多,也了解了他们的生活原则,那就是贫困没有掠夺穷人幸福的权利和可能。做自己喜欢的事情,自由地享受人生是所有人的权利。我的老友老杜发现这种现实正好和自己的心思暗合。于是在伦敦,他开始过打鱼和晒网相结合的生活,整天拎着相机四处游走,拍了大量的照片。老杜压根儿就不是抱着挣钱的目的出走的,他回来时仍然是穷人一个,但是他似乎带回自己喜欢的活着的准则。

找到生活真谛的老杜在阔别家乡多年以后,在同胞的脸上看见的只是恐惧,以致回来的几个月间不敢出门。他看到的是正在我们生活中发生的一个事实:在必然要产生贫富差异的社会里,人人都害怕落在人群的后面,最后成为一个穷人,每个人都要通过奋斗避开这样的命运。这一切都写在了人们的脸上。老杜害怕的是这样的脸。

我忽然想到老杜其实和街头卖笛子、二胡以及在地上写字的那些人一样,正在人间属于自己的有限的自由中享受着从树梢透下来的但是属于自己的阳光。穷与富,这个两极世界,是我们终究要面对的终极问题,既然不可能避免穷人的存在,就该还给穷人自己的幸福,当然这种幸福要靠能感受并确定幸福的心灵去寻找,并形成文化。在那里,他们同样接受阳光,一点不会少,并同时感受自己是一个真实、完整的人。

> 我们手里的金钱是保持自由的一种工具,我们所追求的金钱则是使自己当奴隶的一种工具。
> ——[法]卢 梭

与你共享

　　真正的穷与富的划分标准往往不在于金钱的多少，而在于人们对生活的感受。充满幸福感的人不一定是物质极富足的人。人们不可能拥有均等的金钱，但享受阳光的权利却是平等的。既然贫富差距的事实不可改变，那就改变我们对待金钱、对待生活的态度吧。　　　　　（刘英俊）

作者简介

　　梁晓声　1949 年生于哈尔滨，山东荣成人。当代著名作家。当过知青，毕业于复旦大学中文系。著有短篇小说集《天若有情》、《白桦树皮灯罩》、《死神》，中篇小说集《人间烟火》，长篇小说《一个红卫兵的自白》、《雪城》、《伊人，伊人》、《欲说》等。短篇小说《这是一片神奇的土地》、《父亲》，中篇小说《今夜有暴风雪》获全国优秀短、中篇小说奖。

贫穷可能是一笔"财富"（节选）

□ 梁晓声

　　贫穷可能是一笔"财富"。

　　我绝不是在宣扬"越穷越光荣"。我体会过贫穷，那并不美妙。故我说"可能"，而且将"财富"二字加上引号。

　　造成贫穷的因素，无外乎以下三点：时代本身的因素，家庭不幸的因素，个人不争的因素。

　　前两点是外因，外因往往带有不可抗拒性；后一点是内因，是内因而不悟，别人也只有哀其不幸，怒其不争。若此三点加于人一身，这人的可悲也就接近不可救药了。

在此三点中，我一向看重个人有无抗争的精神。此精神不泯，则摆脱贫穷的希望总是存在的，因外因是不断改变的，其作用于人的压力，总是随着改变而"赐"给人克服的机会。

我说贫穷可能是一笔"财富"，实际上是想说：第一，贫穷应能培养起人的同情心。对别人的贫穷予以体恤；第二，贫穷应能培养起人对社会对时代的责任感、使命感。倘看到许多别人的贫穷是由时代和社会的原因造成，当自愿地激发起改良时代、改良社会向更好的更平等的方向去发展的热忱，哪怕体现于自身，只不过是知识分子良知的一种呼吁，或参与了一次慈善活动的捐款；第三，贫穷应能约束人对物质的欲望限制在适当的范围内。好比一个人几十年居住在破屋陋室中，那么"安居工程"便是他的福音了，不必再羡慕富人们的豪华别墅，更不至于为了达到过高的享受目的而不择手段以身试法；第四，贫穷的经历，比之富贵的生活，应更能使人参透人生，看清世相……

贫穷的经历只有对人有以上的"教化"意义，它才算是一笔"财富"。否则，贫穷只能是罪恶，而且几乎只能滋生罪恶。

世相之中，相反的例子是不少的。比如一个贫穷过的人，一旦富有了，对穷人反而毫无同情之心了。他的逻辑可能是——我还穷过呢。我穷的时候谁又同情过我呢？或者，现在我终于也可以用富人的眼看穷人的困境了，这感觉真好！于是他宁肯用 1000 元去玩一次，也不愿用 100 元去帮一个穷孩子读书……

比如一个贫穷过的人，包括某些贫穷过的知识分子，一旦富有了，或一旦摆脱了贫穷，他的想法可能是——见鬼去吧，那些社会问题、那些时代弊端，现在它们终于与我无关了。我的命运好起来了，看呀，世界也同时变得多么美好了呀！……

又比如一个贫穷过的人，一旦富有了，其淫其奢，往往比一个世袭的富人还有过之而无不及。他除了已变成一个俗不可耐的富人，财富再没带给他任何积极的享受。他可能吸毒，可能传染上艾滋病，可能终日豪赌……

事实上，这样的人，其实心理并未摆脱贫穷的阴影……

是的，贫穷可能是一笔"财富"，好比粪土也可以沤出沼气……

世上的喜剧不需金钱就能产生。世上的悲剧大半和金钱脱不了关系。
——（台湾）三 毛

贫穷不是一件可怕的事情,我们无需为此感到自卑,需要明白的应该是,什么造成了贫穷和怎样改变贫穷的境地。对贫穷保持平常心,保持一种理性的态度,我们就会发现,贫穷也是一笔财富。当我们领悟到,做穷人不是痛苦的事,那么做富人的时候就会倍感轻松。 　　　　　(刘英俊)

青少年受益一生的 名人金钱哲学

作者简介

陀思妥耶夫斯基(1821~1881) 俄国著名文学家。19世纪群星灿烂的俄国文坛上一颗耀眼的明星,与列夫·托尔斯泰、屠格涅夫等人齐名,俄国文学的卓越代表。代表作有《穷人》、《罪与罚》、《双重人格》、《女房东》、《白昼》和《脆弱的心》等。

穷人的美德就是会赚钱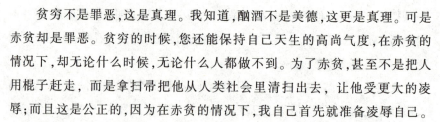

□ [俄]陀思妥耶夫斯基

　　贫穷不是罪恶,这是真理。我知道,酗酒不是美德,这更是真理。可是赤贫却是罪恶。贫穷的时候,您还能保持自己天生的高尚气度,在赤贫的情况下,却无论什么时候,无论什么人都做不到。为了赤贫,甚至不是把人用棍子赶走,而是拿扫帚把他从人类社会里清扫出去,让他受更大的凌辱;而且这是公正的,因为在赤贫的情况下,我自己首先就准备凌辱自己。

　　哥伦布感到幸福不是在他发现了美洲的时候,而是在他将要发现美洲的时候。他的幸福达到最高点的时刻大概是在发现新大陆的三天以前。问题在于生命,仅仅在于生命,在于发现生命的这个不间断和无休止的过程,而完全不在于发现结果本身。

青年人的度量大是很好的,但它一文不值。为什么一文不值呢?因为它来得太容易,不是经过生活的煎熬得到的,它不过是所谓的"生存的最初印象",你看你们在工作中的模样吧!廉价的宽宏大量是容易做到的,甚至献出生命,也很容易,因为这不过是精力过剩、热血沸腾、热烈地追求美罢了!不,你拿另一种心地宽宏来说吧,它就非常困难,默默无闻、无声无息、不声不响,而且招致毁谤,牺牲很多,荣誉却一点也没有;在那里,你,一个容光焕发的人,在大家面前,却被当成卑鄙小人,而事实上你却是世界上最最诚实的人。好吧,你去试试创立这种功勋吧,可是不,你会拒绝干的!可我,却一辈子都是干这种事的。

向大地洒下你快乐的泪,并且爱你的眼泪……

和他的命运奋斗,拯救自己。

世界宣告了自由,特别是在最近时代,但是在他们的自由里我们看到了什么呢?只有奴役和自杀。因为世界说:"你有了需要,就应该让它满足,因为你跟富贵的人们有同等的权利。你不必怕满足需要,甚至应该使需要不断增长。"这就是目前世界的新信条,这就是他们所认为的自由;但是这种使需要不断增长的权利会产生什么后果呢?富人方面是孤立和精神的自杀,穷人方面是妒忌和残杀,因为只给了权利,却还没有指出满足需要的方法。

科学告诉我们:要爱别人,首先要爱自己,因为世界上的一切都是以个人利益为基础的。你只有爱自己,那么就会把自己的事情办好,你的长上衣也就能保持完整了。经济学的真理补充说,社会上私人的事办得越多,也可以这么说吧,完整的长上衣就越多,那么社会的基础也就越牢固,社会上也就能办好更多的公共事业。可见我仅仅为个人打算,只给自己买长上衣,恰恰是为大家着想,结果会使别人得到比撕破的长上衣更多的东西,而这已经不仅仅是来自个人的恩赐,而是得益于社会的普遍繁荣了。见解很平常,但不幸的是,很久没能传到我们这里来,让狂热的激情和幻想给遮蔽起来了,不过要领会其中的道理,似乎并不需要有多少机智……

只要能活着,活着,活着!不管怎样活着——只要活着就好!

我马上觉得,并没有人鄙视我,耻笑我,也没有人可怜我,同时也发

贫穷不是羞耻,富贵也不是罪恶。粗茶淡饭与锦衣玉食并没有太大的差别,只要我们有爱,孩子们就会有笑容。
——(台湾)席慕蓉

觉,我们旅行的目的不清楚而且神秘莫测,不过只与我一人有关。

失败了的时候,什么事情看起来都是愚蠢的!

我感到有一种不可遏制的愿望,想让你知道我的存在,而且仅仅让你知道。

我想干一番事业,我有权利。

你有钱有势,你聪明而有天才——好吧,我尊重你,但是我知道我也是人。仅仅我尊敬你而不加妒忌这一点,就向你显示了我做人的尊严。

平等只有在人的精神品格里才能找见,而唯有我们能够懂得这一点。

奢侈的习惯很容易染上,但在奢侈渐渐成为必需以后,想要摆脱却非常困难。

人类永远不会凭任何科学和任何利益轻松愉快地分享财产和权利。每人都嫌少,大家全都不断地埋怨,嫉妒,互相残害。

有几个人的表现特别突出,自然招来一些流言飞语,没有流言飞语,世界就无法存在,千百万人就会像苍蝇,因为寂寞无聊而死去。

✿ 与你共享

金钱本身没有价值,从某种意义上说,它是衡量人类欲望的标尺。将标尺当成衡量一切事物的标准,就等于将自己的欲望建立在金钱之上,那么纵使拥有再多的金钱也不可能获得真正的快乐——他们的幸福指数远远比不上心境平和的穷人。

(刘英俊)

作者简介　袁南生　1954 年生,北京大学国际关系学院毕业,曾任中国驻孟买总领事,中国驻埃及大使馆公使衔参赞、首席馆员等职务。著有《毛泽东、斯大林和蒋介石》、《国际贸易百国禁忌》、《中国社会熟语汉英词典》、《邓小平的领导艺术》等。

印度穷富之谜

□ 袁南生

穷人富人都是谜

穷人是谜。印度贫富之悬殊,可以说是世界之最,1400 万人口的孟买,竟有 770 万人住在贫民窟里,比例高达 55%。印度社会治安状况不错,犯罪率并不高。为什么有那么多人一贫如洗,却很少有人铤而走险,谋财害命?

几千年来,印度历史上从来没有发生推翻封建王朝的农民起义,或者说,没有哪一个王朝是被农民起义推翻的。印度人逆来顺受,这又是一个谜。

印度穷人尽管很多,却基本上没有拐卖妇女和儿童的现象。印度数亿人口没有脱贫,许多人露宿街头,以乞讨为生,非法出境的案件却不多。印度医院用血靠捐献,医院不买血,穷人也不卖血。

富人也是谜。媒体上经常看到关于印度富人施舍的报道。不少印度富人乐于行善,主动施舍。例如,2003 年,印度撒哈拉集团董事长罗易为长子举行婚礼时,为 101 对无钱办婚礼的新人举办了集体婚礼,赠给他们礼物。此后的第三天,他的小儿子举行订婚仪式,罗易又向 14 万名穷人免费发放食品。

印度不少高校是私立的,学费并不很高,如完全靠学费,学校根本办不下去。钱从哪里来呢?来自于社会捐款。公立大学,特别是像新德里大学、尼赫鲁大学这样著名的公立大学,学生几乎不用交费,学校管食宿,每个学生一年的学费,吃住费用加在一块儿,只合人民币 1000 元。

公立大学的钱从哪里来呢?主要也来自社会的捐款。印度最大的私人财团"塔塔集团"有完善的赞助机制,其控股公司"塔塔之子有限公司"拥有子公司 25%~38% 不等的股份,而"塔塔之子"65% 的股份由两个非营利性托管机构拥有。赢利的 65% 进入慈善基金,再投入慈善事业。

矛盾孕育怪现象

说印度穷富现象是一个谜,是因为印度矛盾的现象太多了,这是印度怪人怪事层出不穷的一个内在原因。

第一个矛盾现象是,印度人物质生活总的来说贫穷,精神生活几乎人人富有。对许许多多印度人来说,精神享受,优哉游哉,是第一位的。印度假日多,同这一点恐怕有关。在印度办事常常找不到人,因为按照法律或潜规则,他们都休假去了。

在印度,公务员一年可以休息 200 天,军队一年有 51 个节日。一种宗教教徒过节,其他教派教徒照样放假,而印度有印度教、伊斯兰教、耆那教、拜火教、佛教、基督教、锡克教等。每种宗教又有多种节日,只要是一种宗教的信徒,就经常生活在节日之中。10 亿印度人,几乎人人信教。我们见到的印度人,常常在拜神,在休闲,而不是在工作。

第二个矛盾现象是,印度人不着急,慢慢来,并不意味着印度人效率低。在印度,公务员和纳税人比例是 1:92,印度某些部门公务员确实人员少,任务重,但成效大。如今,班加罗尔已成为印度名副其实的软件王国,主管这项工作的政府信息技术、生物工程和科学技术部(相当于中国省政府的信息产业厅和科技厅),全部工作人员只有 7 人。

第三个矛盾现象是,许多人接受的是西方教育,价值观、行为方式却是传统的。例如,印度许多 IT 精英,他们引领印度新经济,生活方式却经常体现出矛盾——开着轿车、住着别墅,婚姻还是父母包办,更要顾及种姓。

第四个矛盾现象是,印度整体上虽然穷,却关注弱势群体利益。例如,除了电影、马戏,印度其他演出对观众都免费。孟买十多个剧场,常年免费演出。印度公立学校学费便宜得不可思议。来自穷困地区的大学生一般都享有助学金。学费不贵,文盲却很多,这又是一个谜。此外,公立医院对所有人都是免费的。印度生活用水、办公用水不装水表,也不收水费。

"苦感文化"是谜底

为什么印度有如此之多的难解之谜？为什么印度有这么多难以理解的怪现象？第一,这同印度文化的主体是宗教文化有关;第二,同印度传统哲学思想有关,这一思想主张万物有灵,万物平等,万物轮回;第三,同印度文化是"苦感文化"有关。这种文化认为,人越受苦,精神越升华,离神就越近,来世也就越幸福。

 与你共享

贫和富的区分,往往有太多的无可奈何。其实,人人各有差异,在公平的前提下,贫富差距的存在都是正常的。印度人告诉我们:没有绝对的贫穷,也没有绝对的富有,让贫富差距变得不正常的是人们看待金钱的眼睛和对待生活的心态。

(刘英俊)

 作者简介

严歌苓 生于上海,著名旅美作家。长篇小说《绿血》、《一个女兵的悄悄话》分获十年优秀军事长篇小说奖、《解放军报》最佳军版图书奖等。《少女小渔》、《女房东》、《人寰》等中长篇小说曾获一系列台湾文学大奖。另著有《雌性的草地》、《学校中的故事》、《海那边》等,近作有《小姨多鹤》。

赤贫魅力测试

□ 严歌苓

我身无分文地出了门。那是一月的芝加哥,北风刮得紧,回去取钱便

 贱而好德者尊,贫而有义者荣。

——(西汉)贾 谊

要顶风跋涉半小时，无疑是要耽误上课了。

这时我已在地铁入口，心想不如就做个赤贫和魅力的测验，看看我空口无凭能打动谁，让我蹭得上车坐，赊得到饭吃。我唯一的担心是将使芝加哥身怀绝技的扒手们失望。

"蹭"上地铁相当顺利——守门的黑人女士听说我忘了带钱，5个一寸长的红指甲在下巴前面一摆，就放我进去了，还对着我的后脑勺说："要是我说'不'你不就惨了？你该感谢上帝，我一天要说99个'不'才说一个'是'呢！……"

她笑得很狰狞，像个刀下留人的刽子手。

12时59分下课，很想跟同学借点午餐钱，又怕他们从此跟我断绝来往。

开学那天，一个大龄男生借了一位女同学9块钱，下面就出现了一些议论。所以，我打消了借钱的念头，饿死也得为我们大龄同学们争气。

所有同学都进了校内那个廉价餐厅，我只好去校外昂贵的一家意大利餐馆。

一个意大利小伙子过来在我膝盖上铺开又硬又白的餐巾。我点了鲜贝通心粉，吃最后几根时，我开始在心里排演了。吃不准笑容尺度，但是不笑是不可以的，人家小伙子忙了半天，至少该赚你一个笑容吧。我眼睛盯着账单，手装作漫不经心地在书包里摸那个丢在我卧室枕边的皮夹，然后我已经分不清是真慌张还是假慌张地站起来，浑身上下逐个掏口袋。"灾难啊！"我说，"我的钱包没了！"

小伙子瞪着我。他耐人寻味地看着我自我搜身，一遍又一遍，然后摇摇头表示遗憾："冬天穿得厚，扒手就方便了。"

我表示非常难过，如此白吃，还吃得那么饱。他连说可以谅解，都是扒手的错。他拿了张纸，又递给我笔，请我留下地址和电话。

我说这就不必了，明天保证把饭钱补上，连同小费。可他还是坚持要了我的电话号码。

写完后我抬头笑笑，这一笑，魅力就发射得过分了，因为他的眼神一下子变得楚楚动人，问："平时可以给你打电话吗？"我打着哈哈，说可以可以。

我打算徒步回家。

走在芝加哥下午3点的街道，风吹硬了街面上的残雪，每走一步都要消耗掉一根通心粉的热量。

很快我放弃了，跳上一辆巴士。

一上车我就对司机说我没有钱，一个子儿也没有。司机点点头，将车停在一个路口，客客气气地请我下车。

我红着鼻头对他笑着说："明天补票不成吗？"他鄙夷地说："天天都碰上你这样的！来美国就为了到处揩美国的油！"我正要指出他的种族歧视苗头，一只皱巴巴的手伸到我面前——是个老头，怀抱一把破竖琴。他把手翻过来打开拳头，掌心上有4枚硬币……

付完车钱，我立刻拿出我那支值10块美金的圆珠笔，搁在他手里。他说："你开玩笑，我要笔干吗？"他摘下眼镜，给我看他的瞎眼。我问他在哪里卖艺，他说在公立图书馆门口，或在芝加哥河桥头。我说："明天我会把钱给你送过去……"他笑笑，回到自己的座位上。

下了巴士，离我住处还有5站地，我叫了辆计程车。司机是个锡克人，白色包头下是善良智慧的面孔。我老实交代，说钱包忘在家了，他静静地一笑，点点头。到了我公寓楼下，请锡克司机稍等，我上楼取车钱。更大的灾难来了：我竟把钥匙也忘在屋里。我敲开邻居的门。我和这女邻居见过几面，在电梯里谈过天气。女邻居隔着门上的安全链条打量我。我说就借10块钱，只借半小时，等找到公寓管理员拿到备用钥匙，立刻如数归还。

"汤姆！"女邻居朝屋内叫一声，出来一个6岁男孩。女邻居指着我说："汤姆，这位女士说她住在我们楼上。你记得咱们有这个邻居吗？"小男孩茫然地摇头。

我空手下楼，带哭腔地笑着，告诉锡克司机我的绝境，请他明天顺路来取车钱，反正我跑不了，他知道我的住处。他又是一笑，轻轻点头，古老的黑眼睛与我古老的黑眼睛最后对视一下，开车走了。

我想起田纳西·威廉姆的名剧《欲望号街车》中的一句话："我总是依靠陌生人的善意。"

这句话在美国红了至少30年。

与你共享

在赤贫面前，人与人之间的善意尤其能显现财富的无限价值，因为对

不取于人谓之富，不辱于人谓之贵。

——(秦)孔　鲋

精神财富的追求远远要比对物质财富的追求更能感受到生活的精彩和人间的美好。只要对日常生活多一份热爱和感恩,我们就会发现,财富就在身边,幸福就在身边。

(王　嘉)

作者简介　李兴浩　1954年生,广东南海人。广东志高空调有限公司董事长兼总裁,韩国现代株式会社中国空调制造中心董事长兼总经理,世界经济研究院研究员。

底层生活给了我最朴素的情感

□ 李兴浩

　　我是一个受过穷的人,所以我对财富的追求要比一般人强烈。但是正因为以前受过穷,所以我对财富的情感也是不一样的。我绝对不会"为富不仁"或者"仗势欺人",我从不把财富当做冰冷的东西,我要用财富去帮助更多的人,让更多的人感受到温暖。

　　客观地说,以前很穷的时候,我对财富的理解是很简单的,没有今天这样的深度。

　　那个时候我对金钱的概念很朴素——有钱就不会饿肚子。我做过很多生意,卖冰棍、卖布头、卖五金,还开过酒楼,都是为了生存,为了让家人不再挨饿。后来我一步一步把企业做大,家人的生存不再是问题了,而且我们已经过上了丰衣足食的日子。可是这个时候我意识到,我对社会的责任。一个有事业的人,一个追求事业的人,他是一定会有这种责任感的,他希望自己能够帮助更多的人,就像自己以前在穷困的时候,曾经得到别人的帮助一样。从贫穷当中得来的对财富的概念就是这样的,钱不只是可以让自己生活得好一些,还应该让更多的人生活得好一些。

我赚再多的钱,也只是吃一碗饭啊!钱多到一定程度时对个人本身就没有太大的价值了,所以不要斤斤计较,要有宽广的胸怀。

母亲是个很好的人,我能有今天的成功,永远要感激我的母亲。这么多年来一直是她在帮我操持家务。我家人口多,都是母亲煮饭,母亲管家,我没有请过保姆,她不习惯,凡是经历过艰苦生活的人,都特别朴素,懂得尊重别人的情感,尊重别人的感受。我母亲是个很宽容的人,在我还是一个孩子的时候,她就常常跟我说不要用怨恨的心理去看待别人。

小的时候,家里非常穷,父亲要到广西那一带工作以维持一家人的生活,母亲带着三个孩子过,非常辛苦,我一个叔叔还经常欺负她。我们家养的鸡走过他家的门口,他就又赶又骂,说要弄死我们的鸡。这种状况一直到我有了一个 300 多人的厂子,他还是这样。我们厂里的车从他家门口过,他就说我们的车弄坏了他家的什么东西,一定要我们赔偿。

一开始我很怨恨这个叔叔,我母亲就对我说:"他是你爸爸的亲人啊,就忍让一些吧,亲人之间是要和睦的。你忍让得让他不好意思时,他就会收敛的。"所以叔叔要我赔钱我就赔钱给他,其实只是很少的钱,但是我赢得了街坊邻居的敬重。大家都说是他不讲道理,说我懂得忍让。表面上我吃了亏,但我得到了大家的认同。

这样的底层生活让我懂得了宽容是一种美德,是一种善良。所以我永远都不会和别人计较。退一步海阔天空,要允许别人犯错误,要给人家改正的机会。对人宽容看似是吃了亏,实际上算到底总是自己有好的结果。

这些道理我很早就明白了——比如对待背叛自己的朋友,对待坑害了自己的人,对待压制、欺负过自己的人,宽容一些,没有任何坏处。人的一生精力、时间都是有限的,尽量不要和别人敌对。没有过不去的河,没有翻不过的梁,人和人之间,就是这样。你进一步,我退一步,没有什么大不了的,时间久了,互相理解了就好。没有必要为一点儿小事,把感情伤了,把生活毁了。

当然,这样的道理很多人都知道,但是为什么还有人做不到呢?我认为是因为他们没有亲身经历过。宽容首先是一种情感,你必须在心底里宽

侈而惰者贫,力而俭者富。

——(战国)韩 非

容,才能在行动上表现出来。否则有的人整天把宽容挂在嘴上,遇到一点儿事情,马上就不依不饶,这样的宽容很虚伪,因为它不是发自内心的宽厚、容忍。

所以说,我一直到现在都认为,底层生活给了我最朴素的情感世界。比如说我非常看重荣誉。在我们这里,光宗耀祖是被看得很重的。什么叫光宗耀祖?就是一种荣誉。我母亲养育了我们兄弟三个,非常辛苦,我想让我母亲为我骄傲,让她在操劳的时候也感到开心,因为她知道自己的儿子在做着我们家族里最光荣的事情。我母亲骄傲,我也觉得自豪,这就是亲人间的情感。

实际上,"为了母亲的骄傲"是一种很朴素的情感,许多出身贫寒人家的孩子都有这样一种对母亲的真挚感情,这种感情会使他在追求事业成功的时候,更加重视荣誉而不是简单的金钱积累。比如说现在,我就觉得,遵纪守法,合法纳税是一种荣誉感的表现。为本地的教育和经济发展我总是做得更多一些,因为他们都是我的父老乡亲,让他们富起来我觉得是我的光荣。为了把企业做得更好一些,为了更好地理解企业面临的一些法律问题,我还去中央党校学习法律,学了3年。我觉得我学得越多,就能把企业经营得更好,这样我就更加光荣了,而我的母亲也会更加为我骄傲,中国人的感情不就是这样的吗?

我是穷过的人,也是从贫穷中挣扎出来的人,所以我认为穷不是错,不是恶,不是罪过,至今我依然对穷人怀有朴素的感情。我认为财富对于一个人的意义只不过拥有了一定的支配权,就可以改变自己和一些人的命运;我觉得对于一个人的生活来说,几千万就可以了,但是像我这样穷过的人,就不会满足于一个人或一个家庭的丰衣足食,我会考虑更多的事情。毕竟现在还有很多人生活在最底层,如果有人来帮助他们,他们就能够摆脱目前的困境。

我做大了一个企业,我的企业里有几千个人因此有了饭吃,有许多人还因此而致富,我觉得这是我的荣誉,也是我的责任,而我之所以有这样的荣誉感以及责任感,与我的情感世界是分不开的,我热爱自己的亲人、自己的家乡,能为他们做事,我很高兴。

与你共享

从贫穷中走过来的人，往往会更尊重金钱的价值，会更懂得感恩他人、回报社会——因为底层生活给了他们朴素的情感。这种朴素的情感告诉我们：金钱的用处第一应该是给我们带来精神上更多的自由，第二应该是帮我们做到更多有益于社会的事情。　　　　　　　　　　　　　　（王　嘉）

作者简介　王蒙　1934年生于北京，祖籍河北。当代著名作家，曾任国家文化部部长。著有长篇小说《青春万岁》、《活动变人形》、《青狐》、《尴尬风流》等，以及自传三部曲《半生多事》、《大块文章》、《九命七羊》。其《最宝贵的》、《悠悠寸草心》、《春之声》、《蝴蝶》、《相见时难》等先后获全国优秀短、中篇小说奖。曾获得意大利蒙德罗文学奖和日本创作学会的"和平文化奖"等。

穷 与 富

□ 王　蒙

　　近几年来，在国内，鄙人虽然完全算不上大款，但是从来没有觉得自己穷过。比上不足，比下有余，温饱无虞，衣食住行，电器摆设，均属上乘，起码不是下等。常常深信自己这里也是形势大好，愈来愈好，也是建设有中国特色的社会主义成就的一部分呢。

　　在美国就不然了，虽然收入（按浮动汇率计算）是国内的二十多倍，不仅我这种"客座"时感囊中羞涩，就是正宗美国名牌教授，月工薪在4000美元左右的，也完全赶不上鄙人在北京的自我感觉。

势利富贵，不可毫发根于心。

　　　　　　　　　——(清)傅　山

琢磨起来,似有原因如下:

挣得多,花得更快更多。"道高一尺,魔高一丈",这话实在太深刻了!李玉和没有去过美国就研究出来了。假设您在美国每月工薪 3000 美元,税要缴纳 600~700 美元,房租至少 1000 美元,汽车各项花销包括存车过桥等费用至少 300 美元,医疗保险费用 300 美元,电话费 70 美元,这几项付掉以后,您还剩多少呢?

物价不一样,整个儿说起来,美国的物价比欧洲比日本便宜多了。果汁、奶制品、干果、花生酱、咖啡、巧克力以及许多家用电器特别是电脑之类,在美国市场上标价都比我国国内便宜。但是总的来说,美国物价还是高多了。在美国喝一碗豆浆是 1.2 美元,吃一个炸油饼是 1.5 美元,看一场电影是 4~5 美元,打一次市内公用电话是 10~25 美分,坐一次公共汽车或地铁至少 1~2 美元……其他服装日用品之类也都比咱们贵得多了。

消费水平当然人家要高得多,商品质量与服务质量人家也是高得多。尤其是你的生活高了我也得水平提高,所以收入愈多劳动力愈贵,商品成本也就愈高,你提高的那一点儿与公众高出去的那一块——你要购买的那一块相比较,常常是小巫见大巫,您能够不叫穷吗?

还有一条就是我们的"包起来"的制度,让人放心。美国就另当别论了。回国后,有一次与外地的一位朋友聊天,这位同志就说:"还是咱们的社会主义抗吃,也抗糟(踏)。"令人感叹不已。

也有些时候我会胡思乱想起来。收入与支出的关系永远是不平衡的,收得愈多,支付的需要就愈多,后者总是更超前,从社会生产力的发展来说才有了进步。但是从个人来说,富了以后我们的主观感觉恐怕是更穷。天命曰穷,愈富愈穷,君子固穷,小人更穷,忙个什么劲呢?不管猴年马月,也还是少数人富,多数人穷。呜呼!殆乎哉!殆矣!

与你共享

收入与支出的关系永远都是难以平衡的。很多时候,收入高了,支出也会随之增多。特别受超前消费观念的影响,在 80 后、90 后这群年轻人中,"月光"、"日光"甚至提前支出似乎已成了普遍现象。收入增加了,人却变得更穷,这个问题值得人们思考。

(王　嘉)

王鼎钧　1925 年生，山东临沂人。散文家。1949 年从大陆移居台湾，1978 年应美国新泽西州西东大学邀请定居美国。作品主要内容反映漂泊中对故乡的依恋和怀想之情。代表作有散文《最后一首诗》、《大气游虹》、《脚印》等。

非 卖 品

□ 王鼎钧

"我有钱，你没有，你应该尊敬我。"

"你有钱是你的，我为什么要尊敬你？"

"我把我的钱分给你 1/4，你可以尊敬我吗？"

"你不过仅仅给我 1/4，我为什么要尊敬你？"

"要是我送给你 1/2 呢？"

"要是那样，我的钱跟你的钱一样多，我又何必尊敬你？"

"我把所有的钱通通给你，你可以尊敬我了吧。"

"什么话！那时候我有钱，你没有钱，我怎么尊敬你！"

这是一个很有意义的笑话，说明世界上有很多东西是无法用金钱购买的，例如尊敬、友谊、信任、真正的感动，它们都是非卖品。

请一次客，如果宾主尽欢，可以热闹一阵子，热度维持两星期。送礼如果送得恰当，可以看见微笑，时限是一个月。

捐款，你捐得愈多，愈要对接受捐款的人客气，疏远，免得伤了他的自尊心。借钱给朋友，莎士比亚早已说过，结果可能使你反而丧失朋友。

要想得到尊敬、友谊或者信任，靠自己的人格对别人的吸引，加上奋斗不倦，露出无限发展的潜力。这样别人对你自然会推许倚重，恭而敬之，而且人情如同美酒，愈久愈醇。

有钱人随时有新朋友，贫穷人连仅有的朋友也保不住。

——《圣经》

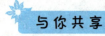

✿ 与你共享

任何人都不可能用金钱买到别人发自内心的尊重。一个人能被别人尊重,从来就不是因为他巨大的财产,而是因为他真善美的品行。对我们来说,把钱用在有意义的地方,才能更好地体现钱的价值,才能赢得别人真正的尊重。

(王　嘉)